JN240369

あなたの「楽しい」はきっと誰かの役に立つ

仕事を熱くする 37のエピソード

パティシエ エス コヤマ社長
小山 進

祥伝社

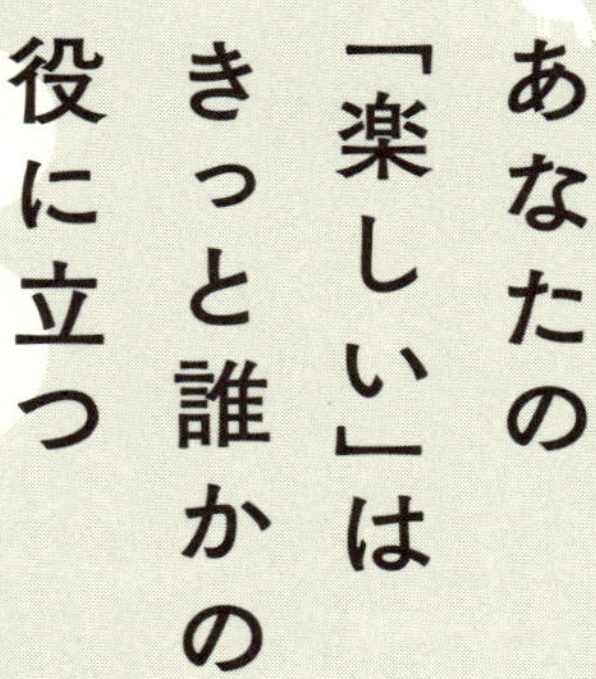

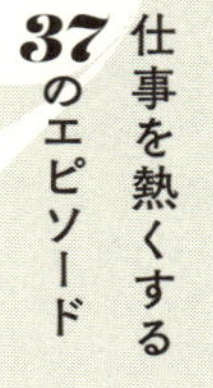

見ることは知ること

——ジャン＝アンリ・ファーブル

ベルは、電話を発明する前に市場調査などしたか？

——スティーブ・ジョブズ

『スティーブ・ジョブズ全発言　世界を動かした１４２の言葉』（桑原晃弥、ＰＨＰ研究所）

はじめに

僕は子どもの頃、ファーブルになりたかった。カブトムシやクワガタを獲(と)ってきては飽きずに眺め、その姿や行動に魅せられた。何かに夢中になる楽しさを覚えると同時に、あらゆる虫が大好きになった。そんな僕にファーブルは、まるで会話ができるかのように昆虫のことを調べ尽くして、絵や文章に表わして見せてくれた。ファーブルの気持ちが、時を超えて僕につながっていたような気がした。

小学校の高学年になると、大好きな歌手や野球選手のサインを見ては「カッコイイ！」と感動し、自分のサインを必死で練習した。そして、いつか人からサインを求められるような何かに秀(ひい)でた人になりたいと思うようになった。

高校生になると甲斐(かい)よしひろさんになりたかった。歌い方、喋(しゃべ)り方、歩き方からVネックTシャツまで、ただただカッコ良かった。すべて真似(まね)をした。

将来を考え始めたとき、やりたいことがあれこれ浮かんだ。ポスターをデザインするのが大好きだったので「グラフィックデザイナー」、シリコンゴムを練りたかったから「歯医者さん」、人に教えるのが好きだから「学校の先生」、面白いことを日常から見つけ出して人に伝えるのが好きだったから「テレビのディレクター」、粘土細工が得意だったので「陶芸家」etc.。

そんな僕がケーキ屋をしている。大好きだったことにかけてきた熱い思いとそのクオリティで。大好きなことを捨てずに、つないでつないでケーキの周りに配備して。

僕は僕の大好きなことでできている。僕は、今に至るまでの僕の大好きなことと、大好きなことを大事にしてきた過去の僕に支えられて今ここにいる。

彼ら、といっても過去の僕なのだが、もし何か言葉をかけるとしたら、「君たちのおかげで、僕はちょっとだけお客様やスタッフや世の中の人々に役立つことができているよ」とお礼を言いたい。

でも、その君たちも、ファーブルや甲斐よしひろさんや野球選手たちの「大好き」のおかげで感動や夢中になるものを与えられたことは間違いない。いくつもの「大好き」がつながったことで僕の人生はつくられたのだ。

目の前にある「やるべきこと」と将来の理想がつながらない人が多いという。あるいは、「やるべきこと」が分からないと悩んだり、「やるべきこと」のプレッシャーに押しつぶされそうな人もいるかもしれない。

でも、僕は**「やるべきこと」は、時に目の前にさりげなく、時にわくわくする楽しさを感じていることの中に隠れているものだと思っている。大事なことは、それから目を逸らさないこと、そして、どんな小さな単純なことであっても具体的に取り組む行動があなた自身の未来をつくり上げているということだ。**

ファーブルは、こんなことを言っている。

「何か困った場面に出逢ったとき、むやみに誰かの助けを借りようと思ってはいけない。助けを借りれば、それはいっとき困難から逃げただけに過ぎない」

根気よく昆虫を観察し続け、さまざまな発見をしたファーブルのこの言葉は、こんなふうに受け取ることもできるのではないだろうか。

「自分の大好きなことだったら、困難な場面に遭遇しても、きっと自分で切り開いていくことができるはずだから、自分で向き合ってごらん」

もちろん、僕の勝手な解釈だけれど、大好きなことをとことん追究したファーブルなら、きっとニヤリと笑ってくれるだろう。

好きなことは、立派なことでなくていい。ファーブルだって、その当時、立派なことをやろうとして昆虫に向き合っていたわけではないはずだ。好きで好きでたまらなかっただけだと僕は思う。

好きなことが分からない人もいるかもしれない。分からなくてもいい。でも自分の心に素直でいよう。目の前にふと現われるちょっとした「好きなこと」や「楽しいこと」を大事にしよう。

あなたの「大好きなこと」や「楽しいこと」と、目の前にある「やるべきこと」と、未来の「理想」とは、必ずつなげることができる。その一本の線を見つけられたら、あなたは確実に成長し続けることができるに違いない。それが働くことだと僕は思う。

「何のために働くのだろう」——そんな疑問がふと湧き上がったら、その気持ちにきちんと向き合ってほしい。この小さな本がその一助になれば嬉しく思う。

目次

装丁　加藤賢策（ラボラトリーズ）
カバー・本文イラスト　Max Weintraub
編集協力　前田洋秋
イラストディレクション　著者

1 ケーキ屋だけど、ケーキ屋だけじゃないエスコヤマ

高校二年生のときにケーキ屋になることを決心した。自分の意思ではあったけれど、そんな年齢で一生の仕事を決めることが容易ならざることだと感じられたのは、ずっと後になってからだ。

父親がケーキ職人だった。僕の性格をよく知っている母親は、ケーキ屋をやっている僕のイメージが「どうしても浮かばない」と言い、父の苦労を知っているだけに「ケーキ屋だけにはなるな」と忠告した。

卸売専門の和菓子屋の洋菓子部門に勤める父は、僕が生まれたときからほとんど家にいない状態で働いていたが、いくつかの仕事を転々とした後に、ずっと続けることができた唯一の仕事だったそうだ。

子どもの頃から父の職場に遊びに行っていた。カステラを焼く、カスタードクリームを炊(た)き上げる、シュークリームをつくる、といったオーソドックスなケーキづくりの仕事だった

が、僕をワクワクさせるものがたくさんあった。引き出しの中に入っているトッピングの材料に目を奪われ、職人さんが使っているクリームの絞り出し袋がサワサワとして気持ち良かった。秘密基地みたいなところで父は仕事をしているんだと思っていた。

高校時代は、そこでクリスマス限定でアルバイトをした。ある年、父と職人の方と僕の五、六人で何百というケーキをつくり上げなければならなかった。その横を、数十名の和菓子職人の人たちが先に帰っていく。誰も手伝おうとしない。父も父で、「いいクリスマスにしてあげてな」と声をかけている。僕は「お先に」と帰っていく人たちに、「おかしくないですか？　手伝ってもらえませんか？」と思わず言ってしまった。

そのときだった。「いらんこと言うな！　俺の世界や。お前には関係ないやろ」。父がものすごい剣幕で僕を叱った。初めて真剣に叱られた。

その日、仕事を終えて帰る道で、「俺には父親がおらんかったから、父親のやり方が分からんのや」とつぶやいた。もしかしたら、そのことで苦労したことも少なくなかったのかもしれない。そのとき僕は、この親を世界一の父親にしてやる、と誓った。

そうした経験が、僕にとっては大きな意味を持っていた。「ケーキ屋だけはやめてくれ」を押し返すくらいの。

＊

ケーキ屋という場所が秘密基地のように映ったり、父が読んでいた洋菓子専門の雑誌で見た飴細工やデコレーションケーキの写真に「芸術性」を発見し驚いたりしたことなどもすべて含めて、僕にとっての「ケーキ屋」像が構築されていった。

父はケーキ職人になるときに「神戸の職人さんに教えてもらった」と言っていた。そこで、僕も「神戸で勉強すればいいのだな」と単純に考えて、専門学校を卒業すると「スイス菓子ハイジ」という神戸のケーキ屋に就職した。そこで一六年間働いて、独立し、三年後に自分の店「パティシエ エス コヤマ」を出した。

僕自身がこれまで三五年間、ケーキ職人を続けてこられたのは、得意技がケーキづくりだけではないからだ。 ケーキ屋の仕事とは、ケーキをつくることだけではないと考えていたから、いろんなことを自分の得意技にすることができたのだ。「好きなことを仕事にすると、嫌いになったときに仕事ができなくなってしまう」という言い方もあるけれど、僕には疑問だ。仮に、大好きな何かが嫌いになったりできなくなったとしても、自分の仕事は「そのこと」だけではないはずだ。例えば手を大けがしてケーキの材料を混ぜられなくなったとしても、お菓子の販売ならばできるかもしれない。パッケージデザインを考える仕事や宣伝する役割だってケーキ屋の仕事の中にある。

どんなお菓子をつくるか、そのお菓子にどんなコンセプトを込めるのか、どんなパッケージに包むのか、どんな店舗で販売するのか、どんな人材を育てていくのか、といったことを真剣に考えていくと、不思議なことに自分が子どもの頃から夢中になっていたことやワクワクしたものやおいしかった感覚が活かされていくのを実感するようになった。と同時に、「自分はいったい何屋なんだ?」という自問自答も始まった。

間違いなくケーキ屋でケーキ職人なのだが、「ケーキ屋です」とひと言で言ってしまうと、何かがこぼれ落ちる感覚がある。世間的にはそんな肩書きはないのだが、**「ケーキを中心としたいろんなことをつなげていく人」**と呼ぶのが、僕自身はぴったりする。

それは別の言い方をすると、自分の培(つちか)ってきたクオリティを発揮する場面がいくつも存在する、ということになる。子どもの頃から野山で走り回って遊んで知った昆虫や草木、その感触やにおい。自分が知ったことを伝えると驚いたり喜んだりしてくれた友人や大人たちの表情。そうしたものが綯(な)い交ぜとなって僕の中にしまい込まれている。それを何かに表現したいのだ。それが、ケーキの場合もあるし、パッケージの場合もあるし、空間づくりの場合もあるし、スタッフに語る言葉になる場合もある。そうすると、必然的にいろいろなことがつながってとらえられる俯瞰的な視点になっていく。それが「ケーキを中心としたいろんなことをつなげていく人」という意味だ。

子どもの頃からの性格なのだが、きっちりとやらなければ気が済まないし、スピード感をもってやりたがる。例えば、報告書もそうだ。「ハイジ」にいた一六年間、報告書は一日たりとも欠かさなかった。それも、改良に改良を重ねて、自分の仕事のことだけでなく、部下の仕事のこと、チーム全体のこと、お客様のこと、会社全体のこと、将来のこと、などを一枚の中に表現することを常に意識した。誰が見ても共有できる情報やメッセージでなければ報告書の意味がない、というのが自分の基準としてあったからだ。

そう考えると、**「競争」というものは、本来は自分の納得できるレベルとの闘いでしかない。むしろ、それだからむずかしいのだが。しかし、自分基準での成長を目指す以外に、心からの納得は得られない。**

実は、次男が僕のこの性格を受け継いだようなのだ。「もっといいものを目指す」「もっと早くやりたい」と口癖のように言っている。妻は、「そんな考えでいると他の人に嫌われてしまう」と心配しているが、そうであっても嫌われない術を身につけるのが次男の課題だと思いながら、僕は彼の成長を見守っている。

＊

僕は、お店づくりは、スタッフの自慢話づくりでもあると考えている。

「私の働いているお店はね」と堂々と他人に語れる自慢話がいくつもなければ、仕事に対する自信も生まれない。

うちのスタッフを見て、「どういう人材育成をやられているのですか？」と尋ねられるときがあるが、僕には特別な育成能力はない。彼ら、彼女らに**常にエールを送ると同時に、自分の店のことを堂々と自慢したくなる店にするには、どうしたらいいかだけを考えている。**

ただ、考えれば考えるほど、やることはたくさん出てくる。自分が常に向上心を持っていないといけない。ブランド自体が薄っぺらなものにならない工夫を重ねていかなければならない。そう思わされるのは、彼ら、彼女らの存在があるからだ。

面白いことに、そして、ありがたいことに、自慢話はお客様の間でも連鎖として起こってくる。まるで自分が「小山ロール」を焼いたかのようにお友達に贈ってくださったり、自分がお店をつくったかのように見てきたことを語りたくなられるようなのだ。ケーキの周辺に、たくさんの人の得意げな気分が生まれたり、ワクワクしながらその話に耳を傾ける人が生まれてくるのは、この上なく嬉しい。その新鮮な臨場感が兵庫県三田市(さんだ)の小さな店からもっともっと広がってくれるよう、自分レベルを上げ続けていきたいと思う。

その意味で、「エスコヤマ」は生き物だ。無限にかたちを変えていける生き物だ。僕は一六年間で、「エスコヤマ」のそんな変幻自在な可能性に出逢ってきたのかもしれない。

2 ケーキが生み出す出会いと発見

不思議なことに、僕が新作のチョコレートをつくると、そのイメージでミュージシャンたちが曲を書いてくれる、ということが最近続いている。

チョコレートと音楽の「コラボ」というようなものではなく、そのミュージシャンたちが僕のお菓子からイメージを立ち上げ、物語を紡ぎ出す、というファンタジーの創造なのだ。これもまた、お菓子づくりの周辺に生まれたもので、一つのケーキが音楽を生み出すのだと思うと、緊張と共にますますやりがいを覚える。

近年、国内だけでなく世界中で自然災害が続いて、悲しい現実もたくさんある。それでも人は何とか踏ん張って、乗り越えていこうとしている。その姿がたくさんの人に何かを与えている。

そう考えたとき、僕たち人間は確かに「ヒューマン」（完全ではない者という意味での人間）なのだけれど、そのヒューマンが計り知れない知恵を蓄えていることに気づかされる。その知恵の力に感動して、二〇一六年、ショコラのテーマは〈Human～coexist with nature（自然と共に）～〉にした。そして、この〈ヒューマン〉というタイトルで、「SING LIKE TALKING」の佐藤竹善さんが曲を生み出してくれた。また、「ノヴェラ」の平山照継さんは、二〇一五年に僕がつくった、四粒のショコラをモチーフに描いたカカオとインディオの物語を読んで、二〇分を超える大作をつくり、「自由に使ってください」と言ってプレゼントしてくれた。

災害に限らず、食においても「発酵」という人知の及ばない世界と僕らは対峙する。そして、それを活かす知恵を僕たちは先人から受け継いで生きてきた。そこには数えきれない試行錯誤が繰り返されたはずだと想像できるし、今でも「より良いもの」を生み出そうとしているたくさんの人たちがいる。未来にもその姿勢と知恵は受け継がれていくに違いない。

その長い歴史の営みの一場面を担っていることと、何かに影響を受けて音楽を生み出し、それが多くの人に響いていくミュージシャンたちの行為は、どこか似ている。

*

二〇一七年のチョコレートは、〈ディスカバリー〉をテーマにした。最初にテーマを決めて新作をつくったわけではなく、いくつものチョコレートの新作をつくっていくなかで、自然と〈ディスカバリー〉というテーマが見えてきた。

このディスカバリーには、新しい発見だけでなく、子どもの頃に「そうだったのか！」と感動した「見つけ出し」「探り当て」「嗅ぎつけ」などと同じ意味も含まれるし、その発見は大人になってもある。「このシュークリーム、おいしい！」と思った子ども時代とはまた別の角度から「おいしい！」と驚嘆する。「この人の音楽はすごい！」と感じた少年時代とは違う受け止め方として同じ曲が心に染み入る。そうした再発見を重ねていくと、生きていることがとても豊かに感じられてくる。

高校生で「ケーキ屋になる」と決めたときの「ケーキ屋」のイメージとは違う発見が、実際にケーキ屋になってみるとたくさんある。もちろん、まったく変わらない軸として持ち続けているものもある。エンターテインメントで、アートな仕事だったら素敵だなあと思っていたことは間違っていなかった。そういう意味で、**僕は常に「ケーキ屋を再発見」している。**

一〇年前にチョコレートを始めたのも、そこにつながるような気がする。ケーキづくりでのいろいろな実験で発見したことを、もっとマニアックで料理人的な表現として一粒のチョコレートで活かすことができると思ったし、それができたら僕自身もお客様も新しい味覚のチョコレートを発見することができる。そういうアーティスティックな試みは、やっていて面白いはずだと直感的にとらえた。そして、その感覚は、放課後に路地裏の狭い空間をいかにうまく使って遊ぶか、という工夫にも似ていると思った。

こんなことが面白くて仕方がないのだから、そのことを分かってもらおうと語り続ける。すると、その過程で新たな出会いが生まれたり、自分自身の新たな楽しみを与えてもらえたりする。

今でも僕は仲間たちとバンドをやっている。そのきっかけは、甲斐よしひろさんがリーダーを務める「甲斐バンド」の曲が高校時代の僕の心を震わせたからなのだが、なんと、あこがれの「甲斐バンド」のライナーノーツを書く機会までいただくことができた。

僕のチョコレートをもとに、音楽だけでなく、絵本にしてくれる人、ガラスアートにしてくれる人などが現われる。そのことが、とても、ありがたい。なぜなら、デザイナーにも、ミュージシャンにもなりたかった僕の夢の一つを、他の人にやってもらえている――そういう感覚になれるからだ。「自分の人生、こうありたい」と夢想していたことを、たくさんの人たちに彩ってもらっている気がする。

逆のケースもある。

二〇一七年十一月に「夢先案内会社　ファンタジー・ディレクター」というデコレーションとアニバーサリーケーキの専門店を、「エスコヤマ」の敷地内にオープンした。童話の「お菓子の家」は、お菓子屋の僕にとっても子どもの頃からの夢で、「こんなのあったらいいな」の象徴的なもの。お客様それぞれのファンタジーをつくり上げていくお店にしたいというのが願いだ。

その過程で、一人の左官(さかん)職人と仕事をしてきた。久住有生(くすみなおき)さん。ショコラショップ「Rozilla（ロジラ）」も彼の手によるものだ。

久住さんはおじいさんの代からの左官の家に生まれ、彼の父も世界的な左官職人として活躍されているが、彼自身は、もともとパティシエになりたいと思っていた。「ケーキ屋になりたいから専門学校へ行きたい」と父親に言ったが「お前みたいなのは学校へ行ってもアホになる」と反対され、「それなら旅をしてこい」と高校三年生の夏休みに二〇万円を渡された。そのお金を持って、ひと月半ほどヨーロッパを一人で旅をして回った。時には野宿して宿代を節約し、あるときはパリの日本庭園でアルバイトもした。その途中、父親に指示された場所、アントニオ・ガウディが遺(のこ)したスペインのサグラダファミリアや、ドイツのケルン大聖堂なども見てきた。サグラダファミリアは建設開始からちょうど一〇〇年目で、「左官って、こんなことができるんや！」と震えたと久住さんは言う。実は、これが左官職人の父親の作戦で、息子が驚くような場所を選んでいたのだ。

そして、久住さんは左官の道を歩み始めた。ケーキ屋になりたかった男がケーキを創り出す建物を造っている。パティシエにはならなかったけれど、別のかたちでお菓子づくりに関わっているのだ。**どんな仕事でも、自分の軸が本物だったら、伝えられること、表現できることは、限りなくある。**

＊

専門学校を卒業して神戸の「スイス菓子ハイジ」に就職後間もなく、百貨店のアイスクリームフェアだったか、着ぐるみを着てお客様を呼び込む仕事を任された。他の新人も一緒だった。暑いこともあって、「ケーキ屋なのに、なんで、着ぐるみ着るんや？」という不満が同僚からは出ていた。気持ちは分かる。でも、子どもたちが喜び、先輩に褒(ほ)められ、仕事を任されるということが、僕には純粋に嬉しかった。その後も、何を頼まれても調子に乗ってやるので、ケーキづくり以外のことがどんどん与えられた。

仕事を任せるときには、二通りの任せ方がある。

一つは、クッキーを焼くときに、その並べ方がきれいで速いから、ずっとクッキーを焼かせたいタイプ。もう一つは、クッキーをこれだけ素早く上手に焼けるのだから、他の仕事も任せてみたいタイプ。前者の職人タイプも必要、後者のオールラウンドプレーヤーも必要。要は、適材適所を見抜く人がいるかどうか。

振り返ってみれば、ケーキづくり以外のことでも、僕はケーキ屋の仕事だと思ってきた。自分がやっていることとケーキ屋であることの意味が結びつけられないと、目の前の仕事に好き嫌いが生じて、しんどくなる。逆に言えば、**自分で自分の目的に結びつけられるものが多いほど、仕事の幅は広がり、楽しみも増えていく。**

ケーキ屋はケーキだけで成り立っているのではない。圧倒的に多い「ケーキの周辺」にこそ目を向けていなければならない。少なくとも、僕自身は、「ケーキの周辺」からケーキ屋になっていった。遠くから、ずっとケーキを眺めながら、一足飛びにケーキに近づかず、じっくりとケーキの周りを歩き続けてきた。「ハイジ」の前田昌宏(まえだまさひろ)社長も、「こんなケーキがあったらオモロイと思わへんか?」「こんなパッケージにしたら、もっとおいしそうに見えるやろ」という話ばかりしてくださったこともあって、僕は「ケーキそのもの」だけでなく、「ケーキをとりまく全体像」を見ようとするケーキ屋になったのかもしれない。

3 「おいしさ」の理由を繙く

「エスコヤマ」をオープンした当初は、ケーキ職人と販売員だけを採用していた。最近では、募集をすると出版社勤務を経て広報の仕事に携わりたいとやってくる人もいる。

そうすると、かつて僕がやっていたことを、より専門的に担っていく人たちが集うことになる。そこで分かってくるのだ、ケーキ屋はケーキ職人だけの職場ではない、ということが。それどころか、いろんな人たちの力を借りなければ、「エスコヤマ」という生き物は操縦できないのだ。

ケーキの好きな子はたくさんいる。ところが、親や先生が「つくる技術もないのにケーキ屋では働けない」と決めつけている。それでは、一人の人間の可能性の芽を摘み取ってしまうことになる。少なくとも「エスコヤマ」にはケーキをつくれないケーキ好きのスタッフがたくさんいる。

さまざまな能力を持った人たちが集まっていても、問題は必ず出てくる。言い換えれば、現時点での〝弱点〟が明らかになる。その弱点を改善しない限り、先へは進めない。というよりも、**弱点の改善が新しい可能性を開いていくのだ。**もしかすると、お客様や「エスコヤマ」に関わってくださる人たちを惹(ひ)きつけるのは、その弱点が改善された部分なのかもしれない。

*

兵庫県三田市のゆりのき台という地域に店を造った当初、周辺には住宅が点在する程度で空地が目立ったけれど、自然に囲まれた場所でおいしいケーキをつくっていきたかったから、この場所にこだわった。ただ、オープン前には、八人のスタッフをどうにか食べさせていくために、出張のコンサルティングも並行していくことになるかもしれないという考えが、頭の片隅にあった。

ところが、オープン初日に商品が三時間でなくなってしまった。出張するどころではなくなった。それでも、「売るため」ではなくて、ちゃんとしたものを「つくるため」に、店をやっていく気持ちは変わらなかった。そんな僕の哲学をお客様に正しく伝えられるツールが必要だと考えて会報誌もつくり、年々進化させてきた。

僕の考えとはまったく別の見方をする人がいるかもしれない。だからなおさら、売ることを目的にしないケーキ屋がこんなにも楽しいのだと分かってもらうために、いろんなトライと工夫を続けてきた。それもまた、〝弱点〟の克服なのだと思う。

例えば、ギフトカタログをつくるとき、商品だけを見せるのではなく、自分が今面白いと考えていることや疑問に思っていることなどもメッセージとして伝えるようにしている。つまり、お客様にお届けする一つの商品の「メイキング」が分かるようにするということ。商品の〝周辺〟も伝えていくということ。その姿勢しか理解を得る方法はないと思うからだ。

数年前、世界的にバニラビーンズが不足する事態が起こったとき、もし十分な量が確保できるようになったら、僕はバニラビーンズをふんだんに使ったためちゃくちゃおいしい商品をつくろうと心に決めて、その日が早く来ることをワクワクしながら待っていた。そうした気持ちもいつでも率直に伝えようと思っていた。

〝周辺〟や〝プロセス〟をオープンにしていくと、たくさんの人たちとの接点が広がっていくような気がしている。弱点も、勘違いも、「伝える」ことによってプラスに転換されるのだ。そうすることで、自分たちが本当にやらなければならないことが見えてくる。

個人も、企業も、本当にやらなければならないことをやっていけば、それほど失敗することはないのではないか。**「やらなければならないこと」とは、お客様や社会からの要望や期待と同義だ。**

時々、若いスタッフに言う。「自分のつくりたいものをつくるだけなら、自分一人でやっていればいい」と。会社、家族、チーム、そうした複数の人間の集まりには、必ず役割が発生する。その役割もまた誰かの要望であり期待なのだ。僕に対しても、社会から、スタッフから、家族から、要望や期待がある。**その自分に求められているレベルをはるかに超える自分でありたいと常々思っている。**つくるお菓子も、言葉やビジュアルで表現する内容も、考え方や哲学も、「自分はこのレベルでなければ嫌だ」という自分自身のスタンダードを築いていきたいと思ってきたし、逆に言えば、僕はそういう要望や期待を超えていくことで成り立たせてもらっている。そのことをしっかりと自覚しておかないと独善的になりやすい。

デコレーションとアニバーサリーケーキの専門ショップ「ファンタジー・ディレクター」も、お客様の要望と期待に応える場所の一つだ。世界に一つの自分だけのケーキをつくらせていただくことは、ケーキ屋としては喜ばしいことだ。プロとして判断したときにおいしさを損なうものはつくれないので、そこはお客様とコミュニケーションを取りながら対応していくことになる。その対応力もまた要望と期待によって育てられる。

*

おいしいものをつくろうと考えていると、必然的に「おいしさ」の理由を繙くことになるのだが、僕はそれが好きなのだ。

ここで思うのは、好きなミュージシャンのコンサートに行くのは、なぜなのか？　ということ。「音」が聞きたいからだけではない。バックの映像や舞台装置も含め、彼らは何を伝えたいのか、どんなパフォーマンスが見られるのか、という期待感がある。会場全体の熱気や、そこにいなければ味わえない高揚感もすべて含めて「音楽」なのだ。

さらに、そのコンサートや舞台裏などが映像化されたＤＶＤを見ると、その会場にいた自分が五感で触れたものを別の目線で追体験することになる。いわば「答え合わせ」のようなもので、そのときに「なるほど！」というもう一つの答えをもらったりする。それがまた音楽を楽しくさせる要因にもなる。

お菓子屋にも、コンサート会場の舞台装置、熱気、高揚感などに匹敵するものが存在する。商品だけでなく内装・外装やパッケージデザインやスタッフの表情や全体の空気感などはお客様を楽しませる大事な要素だ。それらが整ったうえで、僕の考える「おいしい」を「なるほど！」と追体験してくださるお客様がいらっしゃるはずだと信じてケーキをつくる。そういう関係性を一個のケーキを通して生み出している。その意味で、ミュージシャンもケーキ屋も同じ表現者だと言っていい。

僕は、根本的に日本人の味覚も含めた感性やその表現力を信じているのだけれど、果たして今後もそれは維持し続けられるのだろうか？　という不安も同時に持っている。だから、二つの意味合いを込めて、僕は世界的なコンクールに挑戦し続けている。

一つは、洋菓子の歴史の長い外国の人たちに、日本人の味覚や感性ってこんなにすごいんだよ！　と言いたいし、そこに気づいてもらいたいということ。特に関西では、「おいしい」と「楽しい」に加えて「面白い」というエンターテインメント性にもお客様の関心の高さを肌で感じる。「おいしいもの」だけでなく、「美しくて、面白いもの」という期待にも応えていこうとすると、必然的に世界レベルの技術が必要になっていくのだ。いつの日か、「チョコレートは、日本だよ！」と世界中の人に言ってもらえるようにしたい。

もう一つは、僕と同じ日本人に、そういうことが僕たちには内在しているのだという自信を持ってもらいたいということ。それすら気づかずに日々を送っているのは宝の持ち腐れでもあるし、誰も賛成しなくても信念を持って進んでいく勇気も自信に裏付けられてこそのものだ。

世界を目指してお菓子をつくったことなどない。タイトルも目的としていない。「世界への挑戦」でもない。ただ、日本人の代表として、日本人の味覚と感性を世界に表現して驚かせるために堂々と発表しているだけだ。その姿を、お菓子づくりに携わる人以外にも、しっかりと見てもらい、僕の真意を伝えたいのだ。そうやって「がんばり」を引き出してあげたいと思っている。

4

地下二階のお菓子屋です

教師ではない僕だから、先生たちとは異なる何かで伝えられることもあるはずだと思っている。同じように、みんなが誰かの「先生」になれる。そして、その発想がとても大事だと思う事例は日々スタッフと向き合う中で体験しているし、小学校から大学まで講演に行くたびに一層強く抱く実感でもある。

「エスコヤマ」の敷地内に小学生以下の子どもしか入れない「未来製作所」をオープンしたとき、一人の男の子を招待した。その少し前に講演に行った小学校の生徒だった。彼は先生たちの間では手に負えない生徒とされていた。しかし、僕の話には真剣に耳を傾けてくれて、終わった直後に演台までやって来て、「おれの宝物、センセイにあげるよ！」と「NARUTO」のカードをくれた。学校の先生にはできなかった何かを伝えることができたのだと思った。その後、少年の生活態度は落ち着いてきたと教えてもらった。

僕がすごい語り手だからではない。僕が大事にしていることが彼に伝わったのだ。そういう関係性は、誰でもつくっていける。すべてを他人任せにしなくていい。

＊

僕はコンクールに出場するとき、設けられた条件に対して疑問が浮かんだり、その条件が設定された意図を知りたくなったりしたら、企画者や主催者と積極的に会話をする。
「ＴＶチャンピオン」に出場していた頃も、準備をしている最中に気になったことは、とにかく質問して確認した。すると、その質問から「そういうことなら、ルールとして入れておいたほうがいいな」と判断されて、本番でルールとして適用されたことが多々あった。また、別のコンクールでは、出品数に制限があったけれど、「たくさん良いものができたから、制限されている数より多く出してもいいか」ということも直接尋ねた。

こうして会話を重ねていくうちに、番組やコンクールの狙いがはっきりと見えてくる。すると、「相手はきっとこうしてほしいのだろう」という主催者の意図を理解した、直接ではない「会話」も生まれる。さらに、参加するパティシエたちや番組やコンクールを俯瞰的にとらえて言う僕の質問や意見を聞き入れてもらえるようになると、制作者や主催者と一緒にルールをつくっていく感覚がお互いに育っていく。

あるとき、「インターナショナル・チョコレート・アワード」の審査員がお土産としてスモークのトウガラシなど珍しい種類のトウガラシを持ってきてくれた。一つひとつ密封されたビニール袋を開けながら、鼻を近づけた。お土産をくれた女性は、「水に戻して使うのよ」と言ったが、僕は、袋を開けた瞬間に香り立つそれぞれの違いに嗅覚（きゅうかく）を集中させていた。

そして、その中でも特に香りの良かったものを記憶し、その香りを新しいチョコレートに再現してアワードの出品作に加えた。僕にトウガラシをプレゼントしてくれた人には気づいてほしいと思っていたら、なんと〝審査員のお気に入り〟を意味する「特別賞」を受賞した。ルールの中には、そんな賞はもちろん設けられていなかったから驚いた。審査の状況は分からないが、少なくとも彼女は「ニヤリ」としながら口にしただろうと想像できて、僕もニンマリとしてしまった。

これは生産者の方々との関係と同じだ。提供していただいた素材のポテンシャルを正しく理解したうえで、**「ここまでやったら、絶対に喜んでいただけるだろう。面白いと思っていただけるだろう」というひそかな楽しみ方をする。**相手からすれば、自分が届けたものが想像以上のものになって返ってくるのは、驚きと喜びが綯（な）い交ぜになって感動する。〝いたずらっ子〟の発想にも通じるそんなやり取りは、どんな仕事にも忍び込ませることはできるはずだ。

二〇一七年の「インターナショナル・チョコレート・アワード」に僕は四〇品を出品した。インターネットで調べると、そのうちの三六品が受賞したことが分かった。

ところが、その中に僕の自信作数点が入っていなかった。「おかしい。事務局の手違いか、コンピュータの誤作動ではないか」と思った。ニューヨークの事務局に問い合わせると、案の定、コンピュータのミスだと判明した。それほど出品した四〇品に自信があったのだ。

しかし、修正された記録を見ると、三九品しか受賞していない。またもや「おかしい」と感じて問い合わせると、三九品しか審査していないと言う。こちらから出品記録を示して調べ直してもらった。すると、一品だけ倉庫に眠っていたのだ。事務局はお詫(わ)びと共に、「来年、ぜひ出品してほしい」と要請してきた。

僕が言いたいのは、自分自身の確かさが基準になっていれば、小さなことに違和感を持つことができるということだ。違和感もまた可能性を開いていく糸口になる。

ちなみに、そのアワードで一位を取ったのは、僕の予想通り、僕の作品だった。徳島県の吉野川(よしのがわ)の青のりと柚子(ゆず)を使ったプラリネ。「青のりを使うなんて」と驚く審査員に対して、「ガラパゴス島の陸イグアナが海イグアナに変わった瞬間をイメージした。水の中に入っていけば、まだまだたくさんの素材があるはずだと思った瞬間、青のりが浮かんだ」とコメントを送った。

＊

音楽プロデューサーの小林武史さんと話している最中、「地下二階のものづくり」という言い方が出てきて、とても興味深かった。小林さん曰く、小林さん自身も、「ミスチル」の櫻井和寿さんも、桑田佳祐さんも、ありがたいことに僕も、「地下二階のものづくり人」なのだそうだ。

普通の人は、地上一階と地下一階の間を行き来してものづくりをする。これは、今の世の中のあり方が見えていて、そこに合わせようとして、結果的にオリジナリティのない似たものがあふれることになる。

一方、**「地下二階」の住人は、地上で何が行なわれていても関係なく、青い空や心地いい風のイメージを大事にしながらものづくりをする。**そう小林さんは解説してくれた。なるほど言い得て妙だなと感心した。

すでに書いたけれど、僕は世界一のトロフィーがほしくてケーキやチョコレートをつくっ

ているわけではない。**そのつくったもので誰かと誰かが新しい関係を築いたり、対話を生み出すきっかけになったり、自分自身を振り返るようになったり、くじけそうになっている人を激励したり、ということに役立つことが嬉しいだけなのだ。**売れるための地上一階にいるわけではない。小林さんは、それを見抜いてくれたのだと思う。

もし、僕が地上一階の人間なら、「情熱大陸（じょうねつたいりく）」というテレビ番組のディレクターの最初の取材に満足していたかもしれない。そのディレクターは、朝から並んでくださっているたくさんのお客様の列ばかり撮って、「すごいですねー」を連発していた。それが何日も続いた。僕は、視聴者は行列を見せられても面白くないだろうし、何よりも僕自身が行列させて待たせていること自体が店としては良くないことだと思っているので、さすがにその撮影には違和感があった。

そんな話を事あるごとにしながら二週間ほど経ったある日、僕にいつも同じことで注意されている若いスタッフがディレクターの目に留まった。そして、若いスタッフが言われていることにじっと耳を傾けていたディレクターは、どうやら若いスタッフの姿が自分のようだと気がついた。そこから、彼の取材の内容に変化が表われたのだ。

ディレクターなのだから、もちろん自分を画面に登場させることはできない。その代わりにこの若いスタッフをカメラで追っていけば、自分を自分で見ることになる。そうしたら、自分を変えていけるのではないかと思ったそうなのだ。だから放送された「情熱大陸」は人材育成論的な内容が軸になっているのだが、それはそれでリアリティのあるものに仕上がった。僕は、嬉しかった。そのディレクターが気づいてくれたことが。言ってみれば、彼自身が地上一階から地下二階にまで降りてこられたのだ。

＊

「地下二階のものづくり」をしていると、必然的に人材育成に向かっていく。なぜなら、価値観を共有しなければ、チームや組織は運営できないからだ。ということは、人を育てることは価値観を育成していくことだとも言える。

そのために、僕はいろんな話をスタッフにするし、関わった人にはできるだけ伝えようと努力する。「お土産話」は聴くほうも楽しいし、それが、自分の家族や友人に広まっていくときに、「あのね、今日、こんな話を聞いたんだ」と伝える主役が僕からその人へと変わる。**自分が主体となって伝えようと思えば、目の前の人に伝わるように自分自身で工夫しなければならない。**そこで伝える技術が磨かれていく。その伝える技術は、先のディレクターの例でも明らかなように、**自分のこととしてとらえていく**ということだ。
「鳴門金時でお菓子をつくってみたいのですが」と、ある若いスタッフが言ってきた。「今はまだおいしい時期じゃない。この時期にいちばんおいしい鳴門金時をつくってる農家さんを調べてくれる？　その一つのことが、次の自分のクオリティアップにつながるから」。そんな会話をする。また、あるときは、カメラマンと打ち合わせをする。「味噌漬けにした燻製豆腐チーズっていうおいしいものを食べたから、それでチョコレートをつくろうと思う。そのイメージ写真を撮ってほしいんやけど」。カメラマンは赤味噌を用意してきたが、本来は、もろみに漬かったもの。「ほんまものを撮ってほしい。前から知っておく必要はないけれど、せっかく出逢ったことはちょっと深く勉強してみようよ」。

自分が何もできないことを心配する必要はない。今、目の前のことを、今までと違うテンションで深掘りすれば、自然に、次から次へと自分のやるべきことが分かってくる。自分が変わっていくチャンスは、そうして無限に現われてきているのだ。そして、成長は、それに丁寧に関わっていく一歩一歩でしかあり得ない。

僕が関わる人たちすべてが、どんなかたちでもいいから一人前になってほしいと願い続けている。

5

「理由」が刻まれた歴史

「エスコヤマ」をオープンしたとき、僕の中ではその時点が完成形ではなく、これからどんどん変わり続けていくことを当然想定していたけれど、「おまえは、こんなことがやりたかったんか～?」と先輩たちに言われた。

僕は漠然と、僕らしい楽しい店にしたい、ということは考えていたが、僕の持っているイメージがどこまで通用するかは、やってみなければ分からない。しかも、お客様のニーズやウォンツが分かってきたら、それも超えていきたいと思っていた。

好き嫌いとは違う本当にやりたいレベルは、自分というものにお客様というファクターが入ってこないかぎり分からない。自分の頭の中の空想をいくら表明しても、それは独りよがりに過ぎない。そのリアルさが先輩たちの考えとは違っていた。

僕には「今できること」と「今からできるようになること」がある。その両方をやりながら、まだ日も浅いスタッフとのコミュニケーションも十分に取れるようになって、そうしてつくっていくお菓子がお客様にとってどんな反応になるかがやっと分かっていく。**弱点も強みも少しずつ明らかになって初めて本当の「やらなくてはいけないこと」が見えてくる。**しかも、他のケーキ屋をリサーチしたり比較することは僕の発想にはまったくなく、「エスコヤマ」がこれから進むべきスタイルは、「自分自身がやってみなければ分からない」となるのだ。

つまり、**どこかにあるお店や、売れている商品などは過去のデータであって、これから生み出していく商品や「エスコヤマ」という新しい〝生き物〟を過去の何かと同じ地平で語ることはできないはずだ、**と頭の片隅で考えていた。

この話と同様、一六年間に次々と建物を建ててきたことは、傍目（はため）には無計画さとして映るかもしれないが、その考え方は想定可能な範囲が前提となっている。店をやり始めて弱点が分かってきたから、それを改善してきた結果、いくつもの建物が必要になってきたのだ。そして、**これから出逢う「エスコヤマ」は僕にも分からないし、そのときにどう対応していくのかも、その対応レベルも、それに向き合う熱も、今は分からない。**未来へ向かっていく面白さは、そういうところにあると思う。

二〇〇三年の「エスコヤマ」のオープンから今日までの「歩み」を客観的に記録し始めている。いつ、どんなものを建てた、お菓子教室を始めた、本を出版した、どんな大会に出品した、などなど。

＊

きっかけは、庭師から「なぜこういうものを建てたのか、その理由が正確に知りたい」と言われたことだった。やってきたことには、それぞれ理由がある。その都度、「なぜこれをやるのか」をスタッフに、そしてお客様にも伝えてきたけれど、トータルに見直してみると「ものづくりには何が必要なのか」という僕の考えを僕自身が立体的に見直すことができるのではないか、とも考えた。

一六年間の歴史を振り返ってみたとき、分からない中でも弱点を直しながらやってきた自分の姿がはっきりと表われる。それを客観的にとらえて伝えていくことには価値があるし、それが僕の役目でもある。

「エスコヤマ」の社訓は、**「THE SWEET TRICK（お菓子でいたずら）」**だ。変な社訓なのだが、要は、お客様を驚かせようということ。この社訓が一六年の歴史の中に確実に見て取れる。

お客様の驚かせ方が「エスコヤマ」の場合は少々変わっている。「コンプレックス」や「弱点」や「改善点」から見つけていくのだ。

二〇〇三年十一月十三日のオープン初日から、予想に反して長蛇の列。多くのお客様を待たせてしまうことになった。これは僕にとっては「改善点」だ。たくさんの人においしいお菓子を届けるというコンセプトが崩れてしまうという「コンプレックス」を初日から突きつけられた。これを、お客様のほうから考えると、「並ばせる」「手に入らない」というネガティブな印象になる。僕の真意と真逆なケーキ屋だ。

じゃあ、どうするか。商品を揃える努力はもちろんだが、自らの「弱点」に対して誠実でなければいけないと考えた。誠実であるために、僕が何をやりたくて「エスコヤマ」を始めたのか、何を大切にしているか、そうしたことを丁寧にお客様や世の中に伝えようと思った。

しかし、言葉は言えば伝わるというものではない。**「言う」と「伝える」はまったく違う。**お客様に真意が伝わってこそ納得していただけるのだ。**「言えば届くはず」と考えていると、工夫をしなくなり、結果的には届かない。届けたいならば「届かない」を前提にする**

しかない。

だから、僕は「もしかしたら、お客様に勘違いされているのではないか。それならば自分の言葉で伝えよう」と考えてお菓子教室を開いたり、地域の講演会などでも話をしてきた。直接伝えられない人にはどうするか、と考えて『スウィートトリック』という冊子もつくった。そうして相手に自分の熱意が届けば、達成感も得られるし、理解してもらえた喜びは自信にもつながる。

「コンプレックス」や「弱点」や「改善点」に目をつぶらず、それがあるお店だと自分で感じていたから、商品に物語が添えられ、夢のあるパッケージデザインや建物が生まれた。これが、「やってみなければ分からない」なのだ。

＊

もう一〇年ほど前になる。自分がインタビュアーとして、「今聞きたいことや知りたいこと」をクリエイターの方や料理人の方に質問し、記事にして掲載するセルフマガジン『ＦｕＫＡＮ　俯瞰』という雑誌をつくっていたのだが、その中で、僕が出会った「がんばっている人」に取材した文章を載せた。僕だけが見つけたその人の素晴らしいところを紹介できて、読んだ人の何かの役に立つならば、と考えたからだ。

京都のミシュラン二つ星の和食店「祇園さゝ木」に、気になっている若い料理人がいた。キラキラと光っている。大将の佐々木さんに、「ネクスト・ジェネレーション」というコーナーで彼のことを紹介させてほしいと頼んだ。佐々木さんは、「だったら、こいつを」と二番手のお弟子さんを推薦してくれたが、僕は佐々木さんに頼んで、キラキラしたものを感じさせてくれる五番手のお弟子さんに取材した。彼にはいろんな話を聞いた。その過程で、彼の挨拶の仕方まで変わっていくのが見てとれた。出来上がった雑誌を渡すと、佐々木さんは我が事のように喜んでくれた。

東京のお寿司屋さんのお弟子さんにも、同じように取材させてもらった。僕が紹介した二人は、今では独立して、どちらも予約が取れないお店になっている。一人は京都で「にしぶち飯店」を営む西淵健太郎氏、一人は東京で「東麻布　天本」を営む天本正通氏。二人とも、あのときの雑誌を宝物として持ち続けていると言ってくれた。

彼らの姿をいちばん分かってほしかった読者は、僕の店のスタッフたちだ。そこには、いろんな理由がある。同年代のものづくりの世界にいる人たちに負けるな、という励ましもある。君のキラリとした才能を見ている人がいるということも言いたかった。僕がお菓子づくりだけではなく、お菓子を取り巻く環境の整備や次世代の表現者を育てることにも力を入れ続ける理由を汲み取ってほしいという願いもある。スタッフが成長してくれること、そして、僕の知らない誰かも成長してくれること、それを信じるからやっていける。

そういう経験をして思うのは、例えば新しいチョコレートのアイデアがひらめくことと、この若者と一緒に何かやったら面白いことになりそうだと直感的に感じることは、とてもよく似ているということだ。「チョコレートに菊を使いたい」と言っても、スタッフは「菊、ですか？」とキョトンとしているが、完成すると「なるほど」と頷（うなず）く。大事なことは、アイデアや発想がかたちになるまでの間に「なぜ、こういうことをやりたかったのか」という意味に気づいていくこと。この意味こそが人へ伝わっていくものだろうと思うし、「本当にやらなくてはいけないこと」は、そこにある。

だから、スタッフには「考える癖」をつけてほしいと思っている。考えることと考えないことは何が違うのか？　**考えてやったことは、失敗しても失敗の理由を探すことができる。だから「反省」ができる。考えないでやったことは、失敗のポイントを見つける準備が不足しているから同じ失敗を繰り返す。**

反省はネガティブに落ち込むことではない。実現できなかった理由をポジティブに考える

のが反省の目的で、本当にやらなければならないことに気づいていけばいい。気づいたら、楽しんで全力でやる。自分が楽しいことは世の中の誰かの役に立っているはずだ、と信じることができる人は、きっと仕事が面白くなる。

6

再発見を経てオリジナリティに出逢う

道を歩いていて、おや？　この香りはどこかで……そうだ！　子どもの頃に嗅いだことがある！　何だったかなあ？「ああ、これは」と思い出して、それがチョコレートの材料になることもある。

通勤途中に漂ってきたキンモクセイの香りから、瞬時に子ども時代の通学路を思い起こしたりした経験は誰にでもあるだろう。僕にもそんな経験がある。だが、そのときは、子ども時代の香りのほうが強かった感じがした。背丈の小さい子どもにとって、上から降り注ぐ香りは強烈だったのかもしれないし、自然に根付いた樹木と造成地に移植されたそれとは香りのパワーが違うのかもしれない。

「今」の香りによって呼び起こされた郷愁や共感といったものが、お菓子につながっていく。僕のお菓子は、決して厨房の中だけでつくられるわけではない。五感の記憶とでも呼びたくなる僕の中に宿された感覚が湧き上がり、昔遊んだ野山の風景とともに新作がかたちづくられていく。

その過程で、「この香りは、これと合わせると相性がいい」と考えていたことが覆(くつがえ)されたりもする。もう一度、自分の新しい感覚を獲得していく。それがディスカバリー。新発見も、再発見も、同時に含まれる言葉だ。もしかしたら、新発見と再発見は紙一重なのかもしれない。

二〇一二年、ふきのとうを使って〈春の苦み〉というテーマでチョコレートをつくった。子どもの頃は苦いというだけで敬遠していた食べ物も、大人になると好きになることがある。苦みのある食材も天ぷらにするとおいしいように、油脂と相性がいいと分かれば、チョコレートにも苦みはマッチするはずだと考えられるのだ。

二〇一七年にもふきのとうを使った。このときは野性味のある青さを表現するために、まだ花芽が開く前のものを三田、篠山(ささやま)、京丹後(きょうたんご)の三カ所だけで一五キロ集めた。そして、イチゴをマリアージュさせた。二〇一七年のほうが抑制のきいた苦みになった。この違いが五年間の僕の〝変化〟でもある。

もし、フランス人がフランスのふきのとうを使ったとしても、ここ三田周辺のふきのとうと同じ味が表現できるわけではない。だから、この苦みが「エスコヤマ」のオリジナリティになる。

　ということは、再発見を経ることでオリジナリティに出逢っていくのだとも言える。オリジナリティに出逢うことを新発見と言うのかもしれない。大事なのは、自分の暮らしの足元に眠っているそのヒントを繙くことができるかどうか。

　変な言い方だが、「チョコレートを繙いていく」という遊びを僕はやっているのだと思う。その渦中で、こんなことも知らなかったという恥ずかしさに出逢う一方で、でも気づくことができたという自信も生まれる。恥ずかしさと自信は同居するものなのだろう。

＊

　気がついたら、僕のお菓子づくりや空間づくりの能力は、ほぼ子どもの頃に培ったものだった。**自分の「面白い」を、どんなふうに、誰に伝えればうけるか、と考えることが子どもの頃からの癖になっている。癖を続けていると、それが「得意技」に熟成されていく。**

　ある日、家の前の道にちょっと汚れた靴下が両足揃って落ちていた。妻が見つけて教えてくれた。すぐにピンときた僕は、ある男に「落ちてたで」と書いて写メを送った。すると、相手は「探しとったんです！」と返してきた。

前日に来ていた庭師のまっちゃんの忘れ物。どうしてそこに落ちていたのかまで僕には想像できていた。彼の仕事が終わった後に一緒に食事に行ったのだが、汚れたままでは僕にいろいろ言われると考えたまっちゃんは、僕の車に乗る前に着替えた。そして、「どうだ!」とばかりに乗ったのだろうけれど、脱いだ靴下にお見送りをさせてしまったのだ。

この話が間違いなくうける場所がある! うちのスタッフたちだ。みんな、まっちゃんのことを知っているのだから。そこで、僕はスタッフたちとのミーティングのときに、まっちゃんの靴下の写真を見せて、あの日の経緯を話して聞かせた。もちろん、ミーティングの後に、まっちゃんがやって来ることも想定してのことだ。

案の定、入ってきたまっちゃんを見て、全員が爆笑した。まっちゃん一人がキョトンとしていた。

チョコレートをつくるときも、これと同じ。まずは、自分自身が「面白い」と思ったことを切り取ることができるかどうか。「ふきのとうなんか、おもろいちゃうんか?」「菊って、どうやろ?」というアイデアの段階がそうだ。そして、それをたくさんの人に向けて表現できるか。「チョコレートで表現しようか? マカロンのほうがええやろか?」と考える。それは本当に面白いことか。「お客様はどんなリアクションになるんやろ?」とまたまた考える。どういう人に伝えれば喜んでもらえるのか。「子どもたちが喜ぶやろか?」……そうやって僕はお菓子をつくってきた。

だから、学校でも親御さんに、「子どもたちが自分の面白いと思っていることを大事にさせてほしい」という話をしている。「なあ、見て見て!」「こんなの見つけたんやで!」。そういう「熱」こそが、その子の表現力になっていくと確信している。

まっちゃんの靴下の話には、自分の一日をつぶさに観察してほしいというスタッフへの願いもあった。**自分は毎日平凡な生活をしている、と考えている人は少なくない。でも、それは自分をディスカバリーしていないだけかもしれない。**靴下ひとつで、こんなにも笑いが起こる場を自分でつくれるのだということを知ってほしかった。**何が面白いのか、何を表現できるのか、どう伝えられるのか、そこに目を向けていくと、日常の中にはたくさんの表現の宝物が転がっていることに気がつく。**平凡そうに思える日常がワクワクする日々に変わっていくのは、そこからだ。

*

ある中学校で話をしたとき、一人の生徒に「今日は何かおもろいことなかった?」と尋ねると「普通」と答えた。「じゃあ、昨日は？」と問いかけると、「何でもええの？」と食いついてきた。

「昨日な、先生（タメ口なのに「先生」か!?）。靴をかたっぽ脱いで、ずっと蹴りながら帰ったんや。そう決めたんや」

「分かる！　俺も、今日はぜったい曲がらんと歩く！　って決めたことがあるもん。塀とかあっても、乗り越えたろって貫くもんな！」

「でも、ちょっと蹴り間違うて、靴がドブにはまってしもうたんや」

「そんで、どないしたん？」

「取らなしゃあないやんか。そんで、ドブから取り上げてん」

「あのな、そこでちょっとだけ話を盛ってもええねんで。例えば、『上げた靴の中にドジョウが入っとってん！』とかな」

もちろん他の生徒たちは「ドジョウ」と聞いて笑っている。

するると、生徒の中から、「そんな話でええの？」という声が出始めた。そんなことでいいのだと思っていない彼らに、「そんなことが大事なのだ」と言いたくて僕はこの学校までやって来ている。

別の生徒が手を挙げて語り始めた。

「うちは、横並びで部屋が四つあるんです」

「へえー、変わってるなあ」

「そんで、私の部屋はこっちの端っこ。お父さんとお母さんの部屋は反対の端っこ。お兄ちゃんの部屋がその隣」

「なるほど、なるほど。そんで?」

「そんで、お父さんとお母さんが部屋で喧嘩(けんか)を始めたんです。でも、隣の部屋のお兄ちゃんは彼女を連れてきてて、何となく二人の親密な感じも伝わってくるんです」

と、そこまで言うと、漫画みたいな情景が浮かんで、他の生徒たちもクスクス笑い始めた。

自分の毎日は普通だと思っていても、漫才のようにツッコミを入れる別の人がいるだけで、どんどん面白い展開に入っていく。そういう場や関わり方が大事なのだ。

ミュージシャンも、編集者も、映像のディレクターも、どこかに遊び心を持っている人の仕事は面白いし、熱が伝わってくる。そういう人たちと一緒に、味覚と音をマリアージュさせてみる、デコレーションとアニバーサリーケーキの専門ショップ「ファンタジー・ディレクター」のコンセプトで映像をつくる、といったことを遊び心で展開している。それもこれも、「普通」と諦めないで、何か見方を変えたら面白いことになるはずだ、という目を持つだけで可能になる。

だから、僕はスタッフに報告書を書くことを勧めている。書きたいこと満載の一日を過ごしてほしいという意味だ。僕自身、いろんなことを言いたくて仕方がないから新商品が次々に生まれてくる。その経験に基づいて、自分の引き出しの中にたくさんの遊び道具を持っていれば、あらゆる表現方法が可能になると確信している。

7 一人に届けようと思うからこそ

僕は、子どもや学生たちや大人の前で話をする機会を与えられる幸せをいつも感じている。お菓子をつくりながら大事に思っていることを打ち明ける機会があって、それに耳を傾けてくださる人がいる関係は、とてもありがたい。そのときの話をする〝熱量〟は、子どもたちの未来を心配するから生まれるのであって、そこを何とかしたいと思わなかったら、人前に立とうという気持ちは起こらない。単にお菓子の話をしたいわけではない。

そんな気持ちは、子どもたちの親御さんとも通じ合い、少しずつ地域の方々の間にも理解が広まってきた。一六年前には予想もしなかった喜びの一つだ。

親御さんも僕も、子どもたちのことが心配なのは同じだが、子どもに「失敗しないように」と言う大人と、「好きなことを深掘りしていいんだ」と言う大人と、どちらが子どもの熱量が育つだろう? そこに目を向けることが「子どもの気持ちになる」ということでもあると思う。

周りの人たちは、僕のことを困難なことに突き進んでいく人間だと思っているふしがある。でも、僕自身は「活躍したい」という気持ちのほうが強い。だから、中学生になると、一回戦も突破できないほどの弱小バレーボール部にあえて入部した。そこだったら簡単にレギュラーになれると考えたのだ。

*

しばらくは、のらりくらりと練習していたが、僕たちが二年になった春、京都府で一位と二位のチームを率いていた二人の先生が転任してきた。失礼ながら、一位のチームの先生は「おばあちゃんやんか！」と驚いてしまった。

放課後、バレーコートに行くと、二人の先生が僕たちよりも先に来ていた。そして、今後の方針が発表された。「通知表に『3』があったら退部」「一年以内に京都府の大会でベスト8」「僕たちが卒業するまでにベスト3に入る」。

マジか⁉　一回戦も勝ったことないのに⁉　そんな気持ちでみんな集まってないで！　それが率直な気持ちだった。

それまでも、僕は「5」が二つ、「4」が三つ、「3」が四つ、とそこそこの成績ではあったのだが、この先生たちのおかげで、音楽が「4」以外はすべて「5」という成績になった。そのときの勉強の仕方は、今の仕事の段取りに確実に活かされている。二週間で六〇種類の新作をつくることができるのも、そのときの経験を応用しているだけ。どこを外してはいけない、どんな順番で進めると自分はテンションが上がる、そういったことも中学時代に勉強で身につけたものだ。

そんな話も生徒たちにする。本当は、「俺な、オール1やったんや。それでもこんな賞を取れるようになって……」と言えば、ちょっとヒーローになれるかもしれないが、そううまくはいかない。だから、「もともと成績は良かったんやけどな」と語るようにしている。「自慢話したいんと違うからな。あの頃身につけたことが大人になっても活かされる、って話や。決して俺の成績が良かったとか……」と二度押しすれば二度笑ってもらえる。

「『ベスト3』のほうは、どうなったんですか?」と聞かれると、「実際、ベスト3に入りました」と言う。ここもちょっと自慢できる話。

＊

話は、一人を笑わそうと思っているからみんなにうけるのだ。数百人の中に紛れていると、人は「その他大勢の中の一人」になってしまう。少人数の集まりでは自分の知りたいことや言いたいことを素直に表わすのに、大人数ではそこにブレーキがかかる。真面目に問いかけたり自分の意見を言うことがダサくて恥ずかしいと思うのだろう。

でも、その空気は断ち切らなくてはいけない。真面目に耳を傾けたり対話することは、決して恥ずかしいことではない。自分自身にとって真剣に語り合いたいことは、その場にいる他の人たちにとっても大事な問題なのだ。**自分の聞きたいことが他の人にも役に立つことかもしれないという想像力が恥ずかしさを超える勇気を生み出す。**たった一人でも僕のお菓子をおいしいと思ってくれる人はいるはずだ、と信じているから僕はお菓子をつくり続けることができている。

僕の『「心配性」だから世界一になれた』(祥伝社)という本は、スタッフのI君に言っていることをまとめたのだが、だからさまざまな読者の反応があったのだと思う。最初から多くの人を対象に書いても、僕の熱量を行間に含ませることはできない。

たとえて言えば、**誰もが使いやすいように考えられたカバンほど、誰にとっても使いにくいカバンであるのと同じ理屈だ。**僕は、自分のライフスタイルに合わせてカスタマイズしたオリジナルのバッグをつくったが、メーカーの希望でこれを商品化したところ、使い勝手がいいと評判だ。**「僕という一人の人間がめっちゃ気に入っている」というリアルさに勝るものはない。**

「僕が絶対にいいと思っている」。これが僕のお菓子の開発やお店づくりの基本理念。万人に評価してもらおうと考えると、結果的に特徴のない面白くないものになってしまう。自分にとって楽しい、その理由はこうだから、と明確にできることのほうがリアリティがある。クリエイティブであるためにはリアリティを大事にするしかないのだ。

「いいものをつくる」と「みんなに好かれるものをつくる」は同じにはならない。「いいもの」とは「自分がいいと思うもの」だ。

僕が出店場所を決めたとき、当時、何もなかった三田市の高台に出すなんて、と多くの人が心配して言ってくれた。でも、ここでなければならない理由が僕にはあった。自然の中でおいしいケーキをつくる、たったそれだけの理由が。みんなに評価されようと思っていなかった。それが結果的に良かった。支店を出さないか、というお話を断り続けてきたのも、自分ができる範囲でないといいものがつくれないから、というシンプルな理由があるから。やっぱり、最後は熱量の問題に行き着くようだ。

生意気な言い方をすれば、「自然の中でつくるおいしいケーキ」「自分の目の届く範囲でやっていく」ということに僕にとっての価値があることを市場に〝教育〟していくことも僕の役目なのだと考えているところがある。

*

あるとき、お客様がデコレーションケーキを電話でオーダーしてこられた。電話を受けたスタッフのメモには、いくつものご要望が列挙された。そして、彼女はどうやってケーキをつくったらいいか頭を悩ませている。たまたま隣で聞いていた僕は、メモを確認したうえで、お客様に電話を入れた。そして、「フワフワのものと濃厚なものはどちらがお好みですか？」「フルーツの種類を多くするとこうなります、少なめにするとこうなります、どちらがよろしいですか？」と確認していった。すると、最後には「お任せします」と言われた。プロであることを信頼してくださってのお任せになったのだ。こうなると、お客様のご要望も分かったうえで、それ以上のものをつくろうと思える。

僕は、電話を切った後、スタッフに言った。「僕たちの仕事はご要望を集めることではない。ご要望をディレクションすることだ」と。この経験がデコレーションとアニバーサリーケーキの専門ショップ「夢先案内会社　ファンタジー・ディレクター」になった。

　この「ファンタジー・ディレクター」を童話化した動画には「鍵」と「壺」が登場する。鍵は、人の心を開けるもの。言い換えると、人の気持ちを聴き取るヒアリング能力。魔法の壺には、あらゆるものが詰まっている。材料を取り出して夢をかたちにしていく技術力を表現している。お客様のご要望を聴く力とお菓子をつくる能力を使っていこう、という意味なのだ。鍵と壺の融合は、お客様と「エスコヤマ」の融合。情報として語るのではなく、物語にすることに意味があると考えて童話化した。人は必要なことを童話で学んできたと思うから。

　でも、僕は、さらに先のことをイメージしている。地元の子どもがファンタジー・ディレクターへやってくる。そして、デコレーションケーキを持って帰る。友達に話をする。

「ケーキ屋なのに庭があるねん。銅でつくった人形もあるし、暖炉や壁画もある。木もめっちゃ生えてんねんで。パッケージ使う(つこ)て図画も工作もできるで！」

「えっ！　それケーキ屋か？」

　彼女、彼らが何屋さんになったとしても、子どものときに触れた〝高いクオリティ〟によってものづくりに携わってくれたらいいなと思う。

8 技術って何だろう？

ある高校から、ケーキのつくり方の実習と講演の依頼を受けた。僕は時間の許す限り、学校や地域で話をすることは断らないようにしている。それは、生徒・児童に対してもそうなのだが、教師や保護者に聞いてもらいたいことがたくさんあるからだ。子どもの想像力や創造力を伸ばしたり潰（つぶ）したりするのは大人次第だということを実感しているからだ。

ところが、その高校の校長先生とお話しした際に、いくつか気になることがあった。

「こうして世界的に活躍されていらっしゃるのは、やっぱり小山さんの腕ですよね？」

と聞かれたのだ。僕は答えた。

「腕もあるかもしれませんが、それはケーキ職人としては当たり前のものですから」

一九歳から製菓学校を皮切りに、ケーキを〝再現〟する技術を学んだ。学校では和食やフランス料理や中華料理の基本技術も学ぶから、そうした技術を「腕」と言うのならば、確かに僕には腕がある。でも、僕に限らず料理人たちはみんな持っている。

余談だが、そのとき学んださまざまな技術は、純粋に「料理って面白いなあ」という気持ちを与えるものだったが、今になって思いもよらないかたちでお菓子づくりに生きてくるとは、一九歳の僕には分かるはずもなかった。

校長先生は、こうも尋ねられた。

「小山さんとこは、お弟子さんは何人おられるんですか？」

前の「腕」という質問から考えると、おそらく「弟子」と言われた意味は、ショートケーキやシフォンケーキなどを再現できる技術を持ったスタッフは何人いるのか？　ということだろう。

でも、僕は、すでに世の中にあるものを僕の指示で再現する「弟子」を求めてはいない。どんなことでもかまわないから、世の中にないものを自分で生み出していけるスタッフを育てたいと思っている。

「電話の応対だけでお客様に好印象を持ってもらえる人も、お客様との対面販売で自分のファンをつくることのできる人も、商品をおいしそうな言葉に表現したり、パッケージデザインとして新商品の魅力を引き出してくれる人も、数字で全体の動きをとらえることができる人なども、すべて僕は『お菓子屋さん』と呼んでいます」と言うと、校長先生は「えっ？」

と驚いた顔をされた。

僕にはお菓子づくりの技術があると校長先生は見ておられる。じゃあ、そのときの「技術」って何だろう？　そこが問われてくるはずだ。教育者である校長先生が言う「技術」、お菓子づくりをする僕の言う「技術」、他の人たちの考える「技術」、それをそれぞれに問い続けることが大事なことだと思う。「技術」と口にして分かったつもりになっているだけでは、人に教えることはできない。仮に、教育者の考える「技術」が「入試問題の解き方」だとすれば、僕は困る。生きることが困難になっても乗り越えていける「技術」を内面に持った若者を僕は採用したいのだから。

「技術」というもの一つとっても、ジャンルを超えて対話ができ、学び合うことができる。だから、お菓子屋の僕が生徒たちやビジネスパーソンに伝えるべきこともあるし、農家の方からお菓子屋のスタッフが教わることもあるのだ。

よく耳にする「社会に出て仕事をするにはコミュニケーション能力が大事だ」という言い方も、何を意図したコミュニケーションなのかを考えていく必要がある。単に言葉のやり取りをするのがコミュニケーションではなく、相手の状況を思いやったり、お互いの目指していることを尊重しながらのものであってほしい。つまり、想像力を持ったコミュニケーションが創造力につながるということ。ご飯を食べたり、掃除をしたり、商品を手渡しする、その普段の行動の中に、想像力を培(つちか)っていくチャンスは無数にある。

*

もちろん、全員が新商品を開発する人になる必要はない。示された「完成」に向かって丁寧につくり上げていく能力のある人もなくてはならない存在だ。だけど、**初めから自分には新しいものを生み出す力などないと思ってしまうのは間違いだ。**もしかしたら、子どもの頃は、自分で何かを発見したり、いろいろと試しながら「こんなんできたで！」と友達に見せて楽しんでいたのに、大人になるにつれてその能力を押し隠し、そんな自分の経験を忘れてしまっているだけかもしれない。あるいは、面白いアイデアは持っているけれど、具体的にケーキにしたり、音楽にしたり、小説にするという〝変換の技術〟が今の段階では足りないだけかもしれない。もしそうだとしたら、**自分が持っているものを再発見してみようよ、**と僕は言いたい。

どんな人にも想像力が必要だと言うのは、それが自分の主体性の問題にもつながるからだ。先輩に教えてもらうことは大事なことだが、先輩だって間違っていることもある。先輩の指示する〝再現〟を超えようと思っているのならば、なおのこと自分自身で見極めていかなければならない。その能力は、小さい頃から親やきょうだいと暮らしていく中でおのずと受け取っていたりする。あるいは、遊びや図鑑や漫画を通して蓄積されるものもある。だから、「技術」の意味合いを狭くしてはいけないのだ。

*

僕の、負けず嫌い、常に反省する習慣、心配性といった性格が育ったのは母親のおかげ。こんな性格をひっくるめて「自分スタンダード」が確立されたと思っている。賞を取っても反省する、お客様に喜んでいただいても明日はそれ以上のものが生み出せるか心配になる、といったことが自分に決して満足しない向上心の要因になっている。

ということは、性格が形成される幼少の時からオリジナリティは培われていくのであって、製菓学校に入った一九歳からその能力を身につけていくわけではない。もっと言えば、オギャーと生まれた瞬間から周りの大人たちを笑顔にしてあげる才能が誰にでも備わっていると僕は思っている。ところが、無邪気に表現していたその子どもも、徐々に、思っていることを口に出さなくなり、伝えたい気持ちを抑えて、表現をしなくなる。それならば、なおのこと意識的に、いわゆる技術だけでなく、さまざまな要素をバランスよく獲得していく必要がある。自慢するためにではなく、人を喜ばせるためのものとして。

年間に数百もの新作のアイデアを考え続けていると、「アンテナの張り方がすごいんでしょうね？」と言われる。僕の中では「アンテナをたくさん張る」というよりも「いろんなことに興味を持つ」という言い方のほうが的を射ている。「これ何？」「どうしてこんな思いついたの？」「何が入ってるの？」と興味が湧くから、もっと知りたくなるし、質問したくなるし、思いついたことは試してみたくなる。

受け身で教わることだけをやってきた人には、手順を知って満足する人が多い。手順に興味のある人は、どうすればアイデアを思いつくことができるのかが分からないようだ。そういう人は、他の人の思いついたことに興味を持つといい。

最も肝心なのは、発想、アイデア、思いつき。そこが自分の独創性。それを具現化する手順はその後についてくる。

僕が「何とかいけそうかな」とちょっと安心できるのは、アイデアが何百個か貯まったときだ。

9

セミはいつが幸せだったのか!?

僕は、「これはすごいぞ!」とビックリするものを見つけると、何とかしてそのポテンシャルを最大限に発揮させてあげたいと思う。

しかし、自然界と付き合うということは、面倒や手間隙(てまひま)を避けて通ることはできない。「このカカオはおいしいチョコレートになる!」、そう確信していても、気候に左右されて、常に同じクオリティのものを確保できないことがある。その場合は、他の材料や熱の加え方などをコントロールしていくしかない。だから、同じものを同じ手順でやっていく能力以上に、いざというときに対応できる力が問われてくる。自然界によって成長させてもらっていると言えるだろう。その意味では、自然を相手にするということは、人との関わり方や個性の見出(みいだ)し方と似ているかもしれない。

どこのケーキ屋にも卸(おろ)している問屋さんが届けてくださるサンプルでチョコレートをつくるとしたら、手間隙も必要ない代わりに、エキサイティングなものは生まれにくい。つくり手としての工夫する力も、新しい気づきや発見や感動も得ることができないから、自分を納得させられない。

僕が初めての香りと出逢ったときの「うわ！　ええ香りや！」という衝撃は、子どもが森の中で「うわ！　珍しいクワガタムシや！　図鑑で見たのと同じや！」と興奮している姿と少しも変わらない。感動は、自分で探し当てたり、自分で工夫してみた経験の賜物(たまもの)だ。

もし、この感覚を持たない僕がチョコレートをつくったとしたら、そのチョコレートはお客様に何を届けるものになるだろう？　そう考えると、プロに必要なものは単なるチョコレートを上手につくる技術だけではないと分かる。

僕が嬉しいのは、世の中にはまだまだ自分の知らないことがたくさんあるということだ。だから、これからどんなものに出逢っていけるのかが楽しみになる。特に自然界は、その宝庫だ。

香りもそうだが、自然界は「儚さ(はかな)」と共にある。常に変化しているのだから、同じ状態が続かない。だからこそ儚さを大事にしたいと思う気持ちも湧いてくる。

しかし、一方で思う。「儚い」ととらえてしまうのは人間の勝手な見方かもしれない。そのことを象徴するのがセミの一生だ。

あるとき、スタッフとこんな話をした。

「セミの一生の中で、セミ自身はいつが幸せだったと思う？」

羽が伸びて、ミンミンと鳴き、交尾をして子孫を残す数週間が幸せだったと考える人もいるだろう。いやいや、木に産みつけられた卵から孵化した後、木を伝って土の中へ移動し、そこで何年か地中生活をするときが幸せだったと思う人もいる。

結論から言えば、セミの幸せは僕たちには分からない。それなのに、僕たちは自分の価値観で決めつけて、「セミの一生は儚い」というひと言で終わらせてしまっているかもしれない。見逃したりキャッチできていなかったりすることがたくさんあるのではないか、と顧みることで自分の可能性を広げていくほうがいい。

「生み出す」ということは、自分の思い込みを捨てて、一つひとつ丁寧に自分で敏感に感じ取っていくことから始まる。ある時期だけ嗅ぐことのできる植物の魅力的な香りも、偶然の人との出会いも、自分の受け止め方次第で活かしたり活かせなかったりする。

自分はどうしなければいけないのかということを、自然界から教えられている。

*

僕自身が常に新しいものを生み出し続けることができるのは、ひと言で言えば、フランスで修業をしなかったからだ。〝純日本パティシエ〟としては、教えられたことを伝えるとか、一つの味を守り続けるといった路線に最初から乗っていなかった。「フランスで学んだエスプリを伝えるために日本に戻ってきたのだ！」という気負いがない分、自分の五感や経験を信じて活用できる。スタッフに固定したレシピを教えようなどとは思わない理由も、そこにある。

外国で勉強して帰国した先人たちがいてくれたから、今の日本の洋菓子界が存在することも事実だ。だけど、誤解を恐れずに言えば、もはや世界は日本人のパティシエたちに熱い視線を送るようになっている。西洋のように熱風で乾かしながら焼くケーキのつくり方がある一方で、日本では上下からの熱を調整しながら焼く製菓オーブン「南蛮窯（なんばんがま）」を用いて、ふんわり、しっとりとした食感を大事にする。その道具や技術の違いが西洋にはないものを生み出しているのだが、もっと大きな要因は、つくる人の意識だ。

「自分の味はこれだ！」という思い込みや「これを守り続けるんだ！」という保守的な考えが、新しいものへのチャレンジを邪魔する場合もある。僕が二〇一一年以降、毎年、フランスのチョコレートのコンクールに出品してきたのは、安易に自分自身を肯定したくないからであり、逆に言えば、それだけ自分に期待をしているからでもある。

そうしてどこにもないチョコレートやお菓子をつくりながら実感してきたことを社会に伝えていくことも、同じように大事な僕の役割だと思っている。初めて手にした材料のポテンシャルを引き出したいと考える僕だから、教師や親たちとは違う伝え方が生徒や子どもたちに対してもできるはずだと考える。

*

子どもたちはそれぞれに可能性を秘めている。最初は、「なんでお菓子屋のおっちゃんの話を聞かなあかんねん」という態度で聞いていた生徒たちが、少しずつ興味を持って耳を傾け、話が終わると向こうからやってきていろんなことを尋ねるようになる。彼らの可能性はそういうときに開かれていく。だから、教育の世界にもいろいろな人が関わっていくのがいい。教師ではないから言えることだってあるはずだ。

子どもたちが興味を持って話を聞いてくれることも、お菓子でお客様を「えっ！」と驚かせることも、僕の中ではどちらも「生み出す」ことの世界にちゃんと収まっている。その意味で、お菓子づくりと人を育てることは似ているし、僕の仕事の中でも二つは表裏の関係だと思っている。

だからこそ、と自分に言い聞かせていることがある。僕も含めて大人は、自分という完成形を肯定したがるし、その肯定感のまま、子どもたちや後輩に接しようとする。そうすると、未完成であることを否定的に見てしまう。そうではなくて、**自分自身も未完成で、だから常に自分を顧みることを止めてはいけない。**共に未完成である者として関わっていくほうがいい。「これ、おもろくないですか？」「おもろいなあ！」、「これ、めっちゃええと思わん？」「ええですね！」そういう関係の中で、気づいたり驚いたりということを喜び合うほうが楽しい。

知識や技術をたくさん身につけることが自己肯定感や自信につながるのではなく、反省と修正の連続によってしか自分は肯定できないし、自信もそこからしか生まれない。そのことを大人や先輩が自覚できたら、若い人たちの可能性はきっと活かされていくだろうと信じている。

セミの幸せを僕らは決めつけてはいないだろうか？ 素晴らしい香りを放っている植物を見逃していないだろうか？ 自分の目の前にいる人の可能性の芽を摘み取っていないだろうか？

10 What A Wonderful World

僕のお菓子づくりは、自然界の中で自分が興味を持った食材やモノがベースになっている。

「つぼみのときはこんな香りがするのか！」「ほのかな酸味が爽（さわ）やかだなあ！」というワクワク感から始まって、味のバランスを考えながら試行錯誤を繰り返し、どこにもない新作をつくっていく。

そうした自分の感性が刺激を受けて、毎年のテーマが生み出されていく。二〇一六年のチョコレートのテーマ〈ヒューマン〉には、味噌（みそ）や麹（こうじ）などの発酵食品を生み出す微生物と人間の共存の意味を込めた。二〇一七年は、新しい出逢いの中から自分自身が何かを発見した驚きや感動——それは子どもの頃の遊びの中での発見にも通じる——さらには、自分自身の可能性すらも発見していく喜びも含めて〈ディスカバリー〉をテーマとした。

二〇一八年のチョコレートのテーマは〈What A Wonderful World〉。例えば、石をひっくり返したその下には普段は見ることのできない世界が広がっている。あるいは、イチゴのメインは実であり、茎（くき）やその根元の葉っぱに目を向けることはほとんどない。しかし、自分たちが目を向けないだけで、本当はとても不思議で面白いものが世の中にはたくさんある。そういうことが、自分が今まで思っていたよりも広くて奥行きのある世界を知る入り口になっていく。〈What A Wonderful World〉と実感するのは、そういうときだ。

〈ヒューマン〉〈ディスカバリー〉〈What A Wonderful World〉はそれぞれ別のテーマなのだが、前年からのつながりの中で生まれてきたものでもある。つまり、今自分のやっていることは、それまでのことを土台としているから、経験や自信にもなるし、変革することもできるのだ。

*

〈What A Wonderful World〉を、ある香りで経験した。

二〇一七年十月、フランスのレストランで食事をしていたとき、衝撃的な香りと出逢った。料理に胡椒（こしょう）のような使われ方をしていたそのパウダー状のものを、店の人は「カシスのつぼみ」だと言ったが、それを確かめるため、翌日にカシス農園を訪ねた。

そして分かった。あの香りはカシスの新芽だった！　新芽は、そこから新しい茎を伸ばし、実を生らせ、次の世代を生み出していく。つまり、カシスの成長のエネルギーを内蔵しているものだ。指で潰してみると、胡椒のようなスパイシーな香りも、植物らしい香りも、カシスの香りも感じられる。「すごい！」。感動した僕は、カシスの新芽を譲ってもらい、日本へ持ち帰った。そして、新芽を煮出してチョコレートの材料にした。

けれど、何かが物足りない。あの香りの衝撃からいって、新作全体のタイトルになるくらいのポテンシャルは持っているはずだという確信はあるのに、出来上がったチョコレートの味としてはそこまで至っていなかった。

「なぜだろう？」と考えながら、フッと思い出した。ロマネ・コンティにならなかったワインを蒸留してつくられたフィーヌ・ド・ブルゴーニュというブランデーを知人からいただいていたなあ、と。そのブランデーのもとになっているブドウ畑と、カシスの新芽をもらってきた畑とは、車で数分くらいの距離しか離れていない。もしかしたら、同じ土地つながりで、あのブランデーを加えることで何かが変わるかもしれない。

そこで、カシスの新芽の香りが含まれたチョコレートの下にブランデーのガナッシュを薄く敷いてみた。そうしたら、ベリー感の引き立った力強い味わいに変わった。これで、あの初めて新芽の香りに出逢ったときの驚きが一つ実を結んだ。

後日、分かったのだが、ロマネ・コンティの生産者とカシスの生産者は知り合いだった。偶然であり、必然でもあるような、そんな物語も含んだ新作が完成した。

*

あのとき「このカシスの新芽を使ったら、すごいことになるぞ！」という自分の予感があったから、足りないところを補うことができた。逆に言えば、**衝撃や驚きを得た瞬間にどこまでイメージを展開できるかが決め手になる。**そして、そのイメージに対して今の自分ができていること、できていないことを見極めて、「弱点を埋めていく」のが僕のやり方。弱点を埋めようとする試行錯誤が自分の力として身についていく。直感が自信に変化していくのは、そういうチャレンジの連続によるのだと思っている。

どんなイメージが浮かぶかによって、完成に至る八割が決まってしまう。残り二割は〝実験〟の部分。だから、いくら実験技術だけを高めていっても〝設計図〟は描けない。このことは、絵や音楽などアートにも当てはまるだろうし、職人の仕事にも通じるはずだ。僕のイメージの質が、作品のレベルを決定する。

「小山ロール」をつくるとき、焼き面がめくれない、柔らかな革製の高級ソファーのような質感を持った、ちょっと懐かしいけれど斬新なロールケーキ、というイメージから出発した。「小山ぷりん」は、極力卵を減らし、その分、どこまで牛乳を前面に出していけるか、というところからスタートした。「小山チーズ」は、持てるか持てないか、柔らかさの限界に挑戦することを自分に課した。

これらのイメージは、当然ながら、世の中のどこを探しても見当たらないものという点で共通している。「エスコヤマ」のお菓子は、未知なるイメージづくりから始まっていくのだ。

＊

二〇一八年のC・C・C（「クラブ・デ・クロクール・ド・ショコラ」）の出品には、カシスの新芽を使ったチョコレートの他に三つの新作を揃えて、全体で一つの〝交響曲〟として完成させた。

〝No.1〟は、菊の花を使ったチョコレート「野菊の香り（花&葉）」。以前にも菊の花のチョコレートはつくったことがあるが、僕のチョコレートにしてはおとなしい感じの味わいで、それも面白いと思っていた。ところが、その菊の花が手に入らなくなったため、探していたところ、驚くような香りの菊が台湾で見つかった。探していたものとは違うのだけれど、「これはすごい！」と直感した。そして、この菊の香りに合わせる要素としてひらめいたのが「苦み」。同じ菊の葉っぱが、それを担った。そこにペルー産カカオのフルーティーな酸味が加わる。もちろん甘みもある。これらの個性がバランスよくマリアージュされて、口の中で立体的に味わいが広がっていく作品になった。

〝No.2〟は、塩漬けしていないフレッシュな赤紫蘇（あかじそ）をメインにした「赤紫蘇のプラリネ」。クエン酸の酸味が赤紫蘇のパウダーとマッチして風味を引き立て、砕（くだ）いたヘーゼルナッツのプラリネがコクを与える。そのコクによって酸味が奥深いものになった。

和のテイストで口の中を落ち着かせた後にメインの〝No.3〟を用意した。これが先ほどの「カシスの新芽〜ロマネ・コンティ　フィーヌ・ド・ブルゴーニュのアクセントで〜」。これを味わっていただくために、〝No.1〟と〝No.2〟が必要なのだ。

そして〝No.4〟が「オアハカ〜香りと刺激の二重奏〜」。オアハカとはメキシコの都市で、そこで採れたトウガラシの燻製（くんせい）の香りをチョコレートに宿らせた。刻んだトウガラシとチョコレートを一〇日間ほど袋に入れて香りを移し、取り出したトウガラシだけを生クリームで煮出して、辛みとともに完熟の甘みも抽出する。昔のメキシコの皇帝たちが飲んでいたトウガラシ入りのチョコレートを思い起こさせるものでもある。

　こんなふうに、五感を働かせていくと、普通に見えているものの奥に、面白いものをたくさん発見する。その丁寧な見方が、限りある命や儚（はかな）いものへの関心を芽生えさせる。世の中に潜（ひそ）むワンダフル・ワールドをお菓子を通じて世界中の人たちに感じてもらえたらと願って、僕はつくり続けている。

11

独り言の具現化

言葉は、聞いてくれる人がいるから、表現としての言葉になる。相手がいなければ、言葉はメッセージにはならず、独り言で終わってしまう。

おそらく、表現というものは、すべてそうなのだろう。音楽も、絵も、芝居も、相手がいてくれるから完成する。

それと同じことを、小学校六年生以下しか入れないショップ「未来製作所」をつくったときに、僕は感じた。

僕は子どもの頃、ワクワクした体験や何かを発見すると、その感動を「あのな、あのな」と大人をつかまえては伝える子どもだった。すると、大人も「へー!」とか「そうやったんか!」と興味を持って耳を傾けてくれた。それは、自分が主役になった感のある面映(おもは)ゆさも加わって、周りの人を驚かせることのできた喜びを味わうひとときだった。

その経験があるから、子どもが主役になって、大人たちに、あるいは友達に、「あのね、あのね」と言えるものを見つけられる場所をつくろうと思ったのが「未来製作所」。子どもは、聞いてくれる人がいれば、自分の体験を宝物にできるのだ。そして、子どもの表現方法を分かってあげられる大人が増えてほしいという願いも込めた。

案の定、「未来製作所」の外には、僕のイメージしていた光景が見られた。自分が見てきたものを伝え、表現する子どものキラキラした目。その子どもの発信することに耳を傾け、その表情を食い入るように見ている親御さんの嬉しそうな顔。この小さなショップを通して出会っている両者によって、僕もまた喜びを与えられた。

相手がいるから表現ができるという関係は、僕たちにとっても言えることだ。お菓子を待ってくださる方がいるからつくることができるし、お客様の声は、より良いものをつくり続けるための原動力になる。お菓子という表現が、お客様と僕たちとの対話を生み出しているのだとも言える。

もし、子どもが発見や感動をしたとき、その子の口をついて出てくる言葉を聞いてくれる相手がいれば、子どもは「表現していいんだ」と考えるだろう。自慢したい、共感してもらいたい、びっくりさせたい、褒(ほ)められたい、そんな気持ちが満たされる。その瞬間、誰かと共有するものを獲得していく。「独り言の具現化」がそこから始まっていくのかもしれない。

製菓学校を卒業して神戸の「スイス菓子ハイジ」に就職したとき、生まれ育った京都と神戸の街の違いを強く感じた。抽象的になってしまうが、当時の神戸は「明るくて暗い」という印象を受けた。観光客は多いけれど、果たして街自体は盛り上がっているのだろうか？と疑問に感じた。

それを最も象徴するのが「神戸まつり」だった。主催者と参加者が楽しそうなのはいい。でも、観客は本当に楽しそうだろうか？　何かが相手に伝わってこそ「祭り」なのではないか？　神戸は何を表現したいのか？　僕は、縁あってやってきた神戸の未来をそんな心配をしながら見ていた。

京都生まれの僕にとって、「祭り」といえば祇園祭で、あの厳か（おごそ）でありながら華やかな、歴史を継承している感じが大好きだった。蒸し暑さの中の山鉾巡行（やまぼこじゅんこう）も、その歴史を継ぐ者たちの〝根（ね）〟を示しているように思えたし、祭りの最中にやってくる夕立すらも趣（おもむき）として感じられた。夕立が過ぎた後の涼しさは、祭りの熱を落ち着かせる〝仕掛け〟でもあった。

そうしたことは、祭りの主催者や担い手だけのものではなく、観客としても十分受け取る価値のあるものだ。言葉が、聞いてくれる人がいるから言葉になるように、祭りは見てくれる人がいるから祭りになるのではないか。主催者だけが満足していても、本当に祭りと呼べるだろうか？　神戸と付き合っていこうと考えていた僕は、街の様子が気になって仕方なかった。それほど神戸を好きになってもいたのだ。
神戸が震災に見舞われたとき、「ハイジ」の数店舗が崩壊した。それから少しずつ再建と復興は進んでいったのだが、瓦礫（がれき）の残る街を見ながら、前田社長は「なあ小山、震災やから、仕方ないよなあ」と、同意を求めるようにつぶやいた。僕は「震災はありましたけど、『震災だから仕方がない』っていう話なんでしょうか？」と逆に問い返した。「それ以前から神戸という街は落ちていっていたような気がするんです」とまで言った。当然、神戸暮らしの長い前田社長が腹を立てる言い方だと分かりながらも、「ハイジ」として神戸に参加しているのだから、「仕方ない」と諦（あきら）めてほしくない僕のささやかな反抗だった。参加しているからこそ、いろんなことが言い合えて、そして最後にはみんなでいいところを褒め合える街でありたいと願っていた。

*

神戸で生きていこうと真剣に考えていたから感じられた未来への不安のようなものを、エスコヤマをオープンした三田市にも感じている。ポテンシャルとして素晴らしいものを持っているのだから、もっと上手に活かせる方法があるはずだ。

オープン当時、エスコヤマの周辺は今以上に自然ばかりだった。と言うよりも、僕がそういう場所でお店をやりたかったのだから、当然と言えば当然なのだが、あれから徐々に住宅やマンション、大型アウトレットショップもできていった。今、行政は三田の街を観光地にしたいと考えているけれど、観光客の数は決して伸びてはいない。率直に言えば、それは、何を核とするのかが見出せていないからだ。それが、摑みどころのなさを与えているような気がする。地域の人たちも、三田を訪れたことのある人々も、聞いてくれる相手を見つけられない状態、つまり、三田の魅力が言葉になっていかない状態を生んでいるのだ。

僕は決して自分のいる街のことを批判的にとらえているのではない。むしろ、なんとかしていい街にしたい、いい街だとたくさんの人に気づいてもらえるようにしたい、そう思っている。だから、神戸と同じように三田の未来についても、エスコヤマの未来と重ね合わせて思いを巡らせる。

すると、「この地域のいろんなことが『食』とつながっていったら面白いだろうなあ」と思えてくる。その証拠に、僕が、この地域のおいしいお店をいくつか紹介すると、わざわざ東京から多くの人が食べに来てくれる。今日は地元の食材を使った和食のお店、明日は近隣の山で捕れたジビエ料理の店、と堪能してくれる。今後は、有馬温泉をはじめとした兵庫県内のホテルや旅館に宿泊したり、三田市や近隣の丹波篠山市、三木市、ニシノアキヒロ（西野亮廣）さんが美術館を建設予定の川西市などにも客足を増やしていけたら、もっともっとこの地域の魅力を理解してもらえるに違いない。

そんなことを考え始めていたら、兵庫県や関西エリアに自分たちの地域のオリジナリティをしっかりと見つめて生きていこうとしている人たちとの出会いが重なっていった。その人たちと一緒に、「食」にとどまらない広いジャンルで、オリジナリティのあるサービスやものづくりの会社をより強くしていこうと動きを始めた。

強くするとは、考えること、伝えること、表現すること、生み出すこと、つなぐこと、をより的確に鮮明にしていくことだと考えている。潜在的な力はありながら、「この街はこうだから仕方がない」と思っている人たちが少なくない。でも、**そんな後ろ向きの独り言には誰も共感しないし、聞く耳を持ってもらえない。**独り言はポジティブであるべきだし、そこに関わっていくとしたら自由に言い合いながら共に成長していける関係でありたいと思っている。

振り返ってみれば、僕がエスコヤマでやってきたことは**「独り言の具現化」**なのだ。「これ、何かに使えへんかなあ」「あんなことができたらおもろいやろなあ」「お客様をお待たせしたくないなあ」そんな独り言を具現化してきた歴史だと言っていい。

*

僕の周りには、設計や施工のプランニングの段階から関わってくれる〝チーム・エスコヤマ〟と呼ぶ建築に携わる人々がいて、何か新しい動きを始めようとするときは必ず僕の独り言に耳を傾けてくれる。時には、周りのみんなに〝通訳〟してくれたり、僕に代わって僕の考えを図式化して伝えてくれたりもする。

僕の独り言は、あちこちで行なわれる。長くお付き合いしている通販会社の社長である矢崎和彦(やざきかずひこ)さんも、独り言に耳を傾けてくれる一人だ。

あるとき、僕は矢崎さんを相手に、とりとめもない話や頭に溜め込んだアイデアを脈略もなく大放出していた。すると、「逸品ツアー」の話に矢崎さんが反応を示した。

「逸品ツアー」とは、「この店はこれがおいしい」と思っている一品ずつを何軒か食べ歩くミニツアーで、前もって予約しておいてお客さんを連れていく。繁盛(はんじょう)しているかどうかは関係なく、自分で見つけた逸品を推薦するのだから、ちょっとした自慢と緊張感もある。

その独り言を聞いた矢崎さんの弁——誰もが、おいしいものを食べたいと思っているけれど、グルメサイトを見ても、なかなか分かりづらい。だったら、「この店はこれ」という客観的な（多分に主観的ではあるけれど）視点で紹介したら、ハズレがないから喜ぶ人も多いはず。ビジネスとしても成立する可能性が高い。めっちゃ、おもろいやん！——だった。

そして、なんと矢崎さんは、その事業のための新しい会社をつくったらどうかと言うのだ。話はどんどん進んでいって、社名が決まった。「hitorigoto株式会社」。兵庫県を元気にしたい、という理念もいい。地域の発展を継続させていくためには、いずれ僕らの子ども世代が担ってくれなくては難しいのだから、最初から彼ら若者を巻き込んでおこうと考えた。モノやコトが生まれる現場を体験させたいという気持ちもあった。

だから、「hitorigoto株式会社」の社長はわれわれの子どもたちの中から選ぶことを決めた。それを僕ら親父たちが役員として支えていくかたちだ。

でも、僕や矢崎さんは、仕事をうまく進めていける方法を教えようとは考えていない。新しいことは、大学で勉強したカチンコチンの経済学や経営学から生まれるのではなく、誰かの独り言から始まっていくのだぞというリアルさを見せたいのだ。そして、それがものづくりの楽しさでもあることを実感してもらいたい。

事業内容のミーティングには必ず息子たちも同席させて、次回のミーティングのための宿題も出す。その意味では、親父たちが開催する〝学校〟のような意味合いも含まれる。そうして全員で成功体験を積み重ねていく場にしていきたい。

すでに、いくつかの企業からコンサルティングの依頼を受けている。街を元気にする仕事を自分たちの子どもと一緒にやっていけるのは、緊張感もありつつ、嬉しくもある。

12

つながりの始まり

振り返ってみると、いつか会いたいと思っていた人に偶然に出会えることが多い。

ビジネス的なネットワークを増やそうとしてきたわけでもなく、ちょっとしたご縁があって、という出会い方で個性的な人たちと親しくなっていく機会をいただいている。

例えば、十代の頃から大好きで聴いていた憧れのバンド「ノヴェラ」のリーダー・平山照継さんとお付き合いできるようになったのは、平山さんにケーキを贈ったことがきっかけだった。

当時、入院中だった平山さんにバースデーケーキを持って行きたいからつくってほしいと、ある人に頼まれ、僕は二つ返事で引き受けた。そうしたら、後日、平山さんから「お礼がしたい」と言われた。僕は、「お礼なんて。それよりも、チョコレートを食べてみてください」とお願いした。チョコレートならば溶けやすいから喉の通りもいいだろうと思ったからだ。

そして、僕の文章と、ニシノアキヒロさんが絵を描いてくれた絵本『失われたアルアコの秘宝』（双葉社）を添えてチョコレートを送ったら、チョコレートのイメージで平山さんがつくられた二〇分にわたる大作の組曲が届いたのだ。恐縮しつつも、舞い上がりたいほど嬉しかった。十代の頃の僕に自慢したいほどだった。

以来、僕が新作のチョコレートをつくり、それを食べた平山さんがチョコのイメージで曲をつくってくださる、という関係が続いている。二〇一八年のエスコヤマのチョコレートのテーマ〈What A Wonderful World〉、そして二〇一九年の〈THE STORY OF CHOCOLATE MANIA〉にも曲をつけてくださった。

*

このチョコレートと曲のやり取りの間、どこか、無言のキャッチボールをやっている感じがしていた。お互いに、確実に受け取って、同じように胸元へ投げ返す。言葉にしなくてもお互いに伝わっていることが確信できる稀有なやりとりの感覚。

それは、『丁寧を武器にする』（祥伝社）という本を出すにあたってカバーデザインを依頼したアートディレクターの丹下紘希さんとの間にも感じた。丹下さんにはタイトルだけを伝え、僕のお菓子づくりの日常風景を九九枚の写真に撮って送った。こちらからは何も要望しなかったけれど、僕が「そうしてくださるはずだ」と期待していた通り、お菓子や道具でつくられた〝安全な銃〟を想像を超えたクオリティでデザインしてくださった。遊ぶように仕事をすることを僕はモットーにしているが、おそらく丹下さんもそんな気持ちを持った人なのだと思った。

〈What A Wonderful World〉を考えているとき、突然、向こうからやってきた出会いもある。虫と自然をテーマにしている画家・くぼやまさとるさんから、「あなたなら分かってもらえると思って」という手紙と共に、空想の昆虫たちを描いた『星の虫図鑑』（まじっくらんど）という本が送られてきた。

実は、僕も子どもの頃、自分で創作した「ニセ虫」を描いたりつくったりして、友達に見せていたから、「大人でニセ虫やってる人いるんや!?」と驚いた。もちろん、尊敬の意味を込めての驚きだ。くぼやまさんも無言のキャッチボールを交わせる一人だ。

お店まで来てくださったくぼやまさんに、チョコレートを食べてもらい、虫の話に花を咲かせながら、〈What A Wonderful World〉の世界観などを語った。それを絵にしてもらったところ、そこには、まさに夢の世界が緻密（ちみつ）に描かれていて、またもや驚いた。普段は見えないけれど、石を持ち上げて覗いてみると、未知なる世界が隠れている。それを発見したときの言葉に表わせないほど感動した子どもの頃の記憶。それがくぼやまさんの絵にはちりばめられていた。その場の香りまでもが粒となって広がっていく様子を繊細なタッチで描かれ、見える世界と見えない世界が一枚の絵の中に織りなされている。「僕が感じてきた見えない夢の世界、想像の世界はやっぱりこうだったんだ」という再認識が、くぼやまさんの絵によってできた。

これで、〈What A Wonderful World〉のイメージが出来上がった。パリで開催される世界最大のチョコレートの祭典「サロン・デュ・ショコラ」での新作発表は、僕の世界観を物語に仕立て上げて、くぼやまさんの絵を活かしたブースをデザインし、平山さんの曲とともに行なった。

味が、ビジュアルにも、音にも、物語にもつながっていく。でも、チョコレートが中心でなくてもいい。まず絵が、まず音楽が、まず物語が、それでもいい。ということは、**つながり合うということは、あなたが中心にいてもいいし、私が中心にいてもいい、という姿だと言える。自分の仕事も、そんなふうにとらえ直してみるのもいいのではないか。**

自分で石を持ち上げてみる。それが、つながりの始まりになったりするのだ。今は見えていなくても、石の下を見てみたいという衝動から何かが動き始めるような気がする。少なくとも、僕はそうだった。

そして、本人に確認したわけではないけれど、平山さんもくぼやまさんも、〈What A Wonderful World〉という見えない世界が好きで、得意なはずだ。人がつながり合う理由は、そんなところにあるのかもしれない。

今だから言えることなのだが、お菓子職人の世界に飛び込むことを決めたとき、いつか、自分のつくったお菓子が平山さんの楽曲につながったら素敵だなあと夢想していた。夢想しながら、父親と同じ道を選んだ。

あれから約三〇年後、夢が現実になったとき、僕は、一九歳の僕と一緒に驚き、そして「いつか」という夢を果たした喜びを味わった。

*

僕がスタッフとチョコレートを試作する場合、出来上がりのイメージを伝え、どこの国のカカオがマッチしそうで、こういう手順で始めていこう、という僕の考えを伝えることからスタートする。その場面を何度も経験している彼ら、彼女らならば、アイデア、イメージ、材料、手順、といったものを分かっているのだから、自らの新作チョコレートのアイデアも湧きやすくなるのではないかと思っているが、なかなか容易ではないようだ。

それは、なぜなのか。僕の推測だが、目に見えることや存在するものだけを考えている人は、チョコレートは厨房でつくられる、と信じ込んでいる。でも、そんなことはほとんどない。日常生活の中の何気ない瞬間だったり、子どもの頃から大好きな場所へ行ったときだったり、そういう場面を思い浮かべて少年少女の自分が見えたときなどに、小さなヒントが生まれてくる。**表現への衝動やひらめきは、表われていないものや見えないものを捕まえようという興味や関心が原点だと僕は思う。**

プロは、自分の日常をどうとらえられるか、それを自分の創作にどのように表現できるか、ということを毎日行なっている。言ってみれば、日常と作品の〝重ね合わせ〟だ。そのためには、日常の中でキャッチしたことを〝切り取る〟力も求められる。靴を蹴りながら帰った男子生徒や、長屋のような家の家族の様子を語った女子生徒のように、何気ない日常の一コマを切り取って面白いプレゼンテーションができれば多くの人を惹きつけるのだ。オリジナリティは、そうした些細な気づきに支えられている。

僕はスタッフに言う。つくる技術は店で学ぶことができるけれど、それ以前の段階はあなたが経験したことの中にある。僕にも見えていないものがあなたにも間違いなくある。それをお菓子づくりに重ね合わせていくと自分のストーリーが込められたお菓子になるのだ、と。家庭や学校や会社でも、そこを重視して若い人たちを育ててほしい。

普通は、コンサートやお芝居の舞台を楽しむけれど、僕は舞台裏やメイキングにも舞台と同じくらい興味がある。コンサートへ行っても、映像や照明など舞台表現の意味を考えながら演奏を堪能する。「ああ、この歌詞だから、こういう演出をするんだな」と、いろんなことの関連性を自分で探っていくことが好きだ。それは、子どもの頃の発見と今つくっているケーキとの関連性、ケーキと絵や音楽との関連性、僕とスタッフとの関連性、そんなことにも通じるものだと考えている。

それを「時代」という視点で見るならば、エスコヤマが存在するこの時代に、小林武史さんや「ミスチル」や「サザン」がいてくれることのつながりにも重ね合わせることができる。別の言葉で言えば、「共感」ということになるだろう。

考えてみれば、**世の中のすべては何らかのことと共感し合って存在している。それが、あるとき、あるところでは、ケーキとして表われている。また他のときに、他の場所では絵や音楽として表われている。そういう関わりの中を僕らは生きているのだと思う。**

多くの場合、その関わりがどこでどのように生まれたのかをキャッチするのはむずかしいけれど、独自に関連づけたり、繙いたりしていくことは楽しい。カシスの新芽とペルー産のカカオとロマネ・コンティ　フィーヌ・ド・ブルゴーニュというブランデーのそれぞれの特性をミックスしたチョコレートをつくることができたのも、その一つだ。

人は、いろんな「好き」を見つけていく。そのときは分からなくても、振り返ると、「好き」は他の何かしらと関連している。と言うよりも、いくつもの「好き」を重ね合わせたときに新しいことが創造されていくのだと思う。僕は、そうだった。「得意技を磨け！」とスタッフに言ってきたのも、自分の得意技が店と重ね合わせられることでお客様に喜んでもらえるという意味だ。

生徒たちを前にした講演でこう語った。「都会へ行けば何かが見つかるわけではない。この自然のある街で生まれ、ここで暮らしたことを宝物としてこれからも生きていってほしい」。そう自信を持って言えるのは、外国で修業をしなかった僕のつくるお菓子を外国のシェフたちが注目してくれているからだ。

自分が大事にしていることや好きなことや得意技は、いつかつながっていく。もしかしたら、今も、つながりの始まりが静かに起こっているのかもしれない。

13

上質感のある普通味

僕がエスコヤマのお菓子づくりで味に関して大事にしているのは、「上質感のある普通味」だ。言い換えれば、それは「究極のポップ」ということで、お子さんからお年寄りまでどなたにも愛されるものになる。もちろん、プロが食べても感動するものを目指す、というコンセプトだ。

「上質感」と「普通味」、言葉だけ見ると相反するもののようだが、それを反しないものに仕上げていくのがプロとしての領域だと思っている。樹木希林（ききききりん）さんのお芝居にも僕はそのことを感じていた。一見、普通のおばあさんのように観客は見ているけれど、人としての奥深さやお芝居の上質さが内在している。

普通であることを軽視する人もいるけれど、普通を生み出していくのは簡単なことではない。世の中が多様化すればするほど、普通であり続けるためには「芯」が必要なのだ。そこに上質感まで追求しようとすると、「センス」が問われてくる。「自分がロールケーキ（＝普通にあるもの）をつくるなら、こうでなかったら嫌だ（＝上質感の追求）」と思うからこそ、自分自身に絶えず進化を課していくことになる。

しかも、「上質感のある普通味」は「これだ！」と固定されるものでもない。**時を経てもそう言えるものであるためには、微細に変化し続けることが前提だ。**だから、完全なマニュアル化はできないし、必要もない。だから、センスなのだ。

「小山ロール」や「小山流バウムクーヘン」などの「上質感のある普通味」という基本の商品があることで、先鋭的なチョコレートづくりにもトライすることができる。それらが全体として「エスコヤマ」になるからだ。大好きなミュージシャンの、中でも特に好きなアルバムを詳細に見てみると分かる。大ヒット曲や代表曲の合間に、ちょっと変わった、別の一面がうかがえる曲を忍び込ませている。それら両方が存在して全体が成立するのだ。

*

お菓子業界も、時々刻々と環境が変化している。かつては、都会で修業して、故郷へ帰ってお店を開けば、地域の方たちに喜ばれるお菓子屋さんになれた。同じ地域にいくつかのお店ができたときには、地域内での競合のみを考えていればよかった。ところが、今やインターネットでお取り寄せが可能になって、住んでいる場所に関係なく、世界中から好きなものが選べる。

お客様に店舗へ足を運んでいただいて対面で商品をお渡しする従来型のお菓子屋の形態を取らず、実店舗を持たずに評価を得ていく通販型のお菓子屋さんもある。僕は、実際に来ていただいて何かを感じてもらうお店をつくってきたし、また、これからもそうでありたいと思っている。ものづくりには、自分がどんなふうにありたいかということが表われてくる気がしている。だから、常にお客様の表情や声が身近にあるという立ち位置から離れてはいけないと自分を戒めている。

僕の考える「上質感のある普通味」や、何かのきっかけで僕が摑んだことを、スタッフがすべて理解しているとは思わないけれど、世の中に愛され、期待されるつくり手になってほしくて、その手助けのために新作を発表し、教育する、ということを繰り返す。僕のつくったお菓子の〝メイキング〟の部分にすべてのお客様が関心を持っていらっしゃるなどとは思わない。それでも、「えっ⁉ チョコレートってこんなに面白いの！」と思って味わっていただけたら、それだけでも少しは「いい時間」を過ごしていただけるのではないかと思って、一つのお菓子が誕生するまでの物語を伝え続ける。「上質感のある普通味」とひと言で言っている中には、そんな気持ちが詰まっている。「上手に焼けた」とは次元が違うのだ。

日本でチョコレートが量産化され庶民の味となったのは大正時代に入ってからで、世界と比較すると、日本のチョコレート文化の歴史は浅い。だから、「やった！　いいチョコレートができた！」とつくり手としては思っていても、決してチョコレートのクオリティとしての評価を得たのではなく、目新しさゆえの一過性のブームに過ぎないことも少なくない。そんなときに、世界的な賞を毎年受賞していることと、チョコレート文化を担う仕事とはまったく別物だと実感させられる。ブームを目指すお菓子教育ではなく、エスコヤマの味が文化として根付いていくためのお菓子教育こそ僕の役割だと痛感させられる。自らが文化の土壌を豊かにしなかったら、どんな種を蒔いても育たないのだ、と。

だから、本当のことを言うと、お客様全員の横で、お菓子について語りたい。でも、それができないから、リーフレットやパッケージを通して僕のメッセージを伝えることになる。そうして僕の〝分身〟がガイドの役割を果たしていくことで、一粒のチョコレートの可能性を広げていくこともできるだろうし、エスコヤマはそれを背負っているのだと思っている。

もちろん、お菓子づくりは純粋に楽しいから教えたくもなるし、お菓子の背景を知っているだけで違う味わいが生まれることも知ってもらいたい。僕のショコラセミナーに出席された方々が、異口同音に、「説明を聞きながら食べると、こんなに味わいが違うの！」と驚かれる。これが、僕の言う〝メイキング〟であり〝教育〟なのだ。自分の味覚が何かをキャッチしていく経験を味わってもらいたいと思えば、おしゃべりにもなるし、「見て見て！　聞いて！」を離れられない。「私、小山さんの味、分かるのよ！」と言ってもらえる以上の喜びはないのだ。

＊

エスコヤマのスタッフ同士が結婚した。おめでたいし、嬉しかった。

そのとき、僕は式場でこんなスピーチをした。

「ご家族の方やご親戚の皆さん、この二人の人生を失敗させるわけにはいきません。だから、あえて言わせてください。お菓子屋さんとして成功するというのは、バウムクーヘンがどれだけ上手に焼けるようになったとか、そういうことではありません。特に新婦にずっと伝えてきたのは、『人とちゃんと会話ができるようになりなさい』『人が何を伝えようとしているのか、その真意を汲み取りなさい』『プロであるならば、その人が望むことを理解して、その何倍ものお返しをしてあげなさい』『見えない世界を見せてあげなさい』ということでした。ご親族の方々にも、そのことをご理解いただいて、二人を見守ってあげてください」

なぜ、そんなことを言ったのか。それは、僕らの世界は常にお客様との間で何かをやり取りしているからだ。チョコレートやケーキといったモノではなく、簡単にコミュニケーションと言い切れるものでもない。それこそ「文化」に関連するものだ。「上質感のある普通味」の探究を重ねていくことと、文化の創造はとても密接な関係があるように思う。

僕たちは「答えのない探究」をしているチームだと言っていい。すでに用意されている答えに合わせていくのではなく、自分自身が疑問を持ち、自分で解釈していく。その答えのない探究の機会を、お客様から与えられている。

14 〝ロック〟で参加しよう！

「なんでむしむしと湿度の高い日には、カブトムシがたくさんおるんやろ？」「終礼が単に報告会ではなくて勉強会になるには、どうしたらええんやろ？」

僕はずっと些細なことにも疑問を持って自分で解明していくことが好きだった。別の言い方をすれば、分からないことや不思議なことに「参加する」ということだ。

「どうすればこんなふうに仕上がるんだろう？」「どういうメッセージなんだろう？」「どんな意味なんだ？」……初めての味の不思議さに参加する、感動した音楽の背景に参加する、知らないことを語ってくれる他人の話に参加する……そうすることで自分が変わっていく。

働くということの本質も、参加なのではないかと考えている。何への参加か？ その仕事の周辺にあるすべてのことへ。ケーキづくりへの参加だけでなく、お客様の希望への参加、食材が育つ自然環境の保全への参加、一緒に仕事をする人たちの気持ちへの参加、などなど。

自分だったらこうする、自分だったらここまでのレベルでないと許せない、と考えることも、すでに主体的に目の前の計画やものづくりに参加している姿だ。そして、普段からそんなふうに考えていると、自分自身の目指すイメージが明確になってくる。むずかしいことではない。**ちょっとした参加のトビラが日常にはたくさん用意されている。**

例えば、小山の講演を聞くことになった。どんなおっちゃんか、いっぺん見てやろう！という気持ちでいい。そして、話は下手だけど「うんうん」と頷いて聞いてあげると小山も話しやすくなる。腕組みではなく、身を乗り出して聞く。そういうことが参加だ。結婚式でずっと黙々と食べているだけでなくて、遠慮がちな新郎新婦のご両親を真ん中にして写真を撮って差し上げるとか、人一倍大きな拍手を贈ってあげることも参加になる。

＊

世界のチョコレート界は日進月歩で変わっている。カカオからピンク色の遺伝子を抜き取る技術の発明によって生まれたカカオフルーツの味がするルビーチョコレートまで出てきた。そんな中でも僕はあえて〝ポップ〟を掘り下げてみたかった。白桃を使ってタブレットにしたり（「白桃　ルビーチョコレート」）、口に入れた瞬間に思わず笑ってしまうようなライムとパクチーの組み合わせのチョコをつくったり（「humor（ライム&パクチー）」）、「知ってるものを食べた。けれど、とてもおいしかった」と言ってもらえるものを追求した。

そして、「なぜだろう？」と気になった人には、「実はこういうものが入っているんです」という謎解きをすると、「えっ!?」と驚いてもらえる。〝ポップ〟とは「安心感」でもあるから、驚きが倍増する。もちろん、僕の頭の中にはそこまでイメージされているから、食べた人の驚く顔を見ながら「ほらね！」と一人ほくそ笑む。

エスコヤマの看板商品でもある「小山ロール」を多くの方はエスコヤマの〝ポップ〟だと思っていらっしゃるだろう。それはそれでありがたいことだが、僕自身は、科学的根拠に基づきながらもマニアックなレシピと製法から生まれる前衛的な〝ロック〟だと思っている。でも、「小山ロール」は未完の商品でもある。日々、日本人が好きな「ふわふわ、しっとり」を極めたいと試行錯誤を続けているのだ。

「小山は〝ロッカー〟だ！」とフランスの雑誌が二〇一八年の年末に書いていたけれど、僕は自分の仕事が〝ロック〟になるように自分で仕向けていく。実験と挑戦を諦めないし、だから飽きないのだ。**ものづくりの仕事で最も怖いのは自分が飽きてしまうこと。**僕は飽きないようにするために、常に〝ロック〟なものづくりを続けている。

「小山ロール」にしても「小山ぷりん」にしても、経験や感覚だけでは同じものをつくり続けることはできない。科学的に追究していかないと火が入らなかったり形成が不可能になる。だからデータを取りながら、コンマ一グラムの世界を確かめていかなければならない。それが〝ロック〟のあり方だ。

大事なことは、自己満足としてのチャレンジなのではなく、ギリギリを探そうとするときの感覚が世界を動かしていくのだと実感することにある。世界中のパティシエたちがエスコヤマのレシピを知りたがっている。でも、レシピだけでは同じ味は生まれない。その理由は、「エスコヤマへの参加」と「レシピ」との違いにある。スタッフに伝えたいと思っているのも、そこだ。

＊

何事も、参加するための準備というものがある。そして、その準備ができている人にしか理解できないことが世の中にはたくさんある。

例えば、僕たちのつくるふわふわのシフォンケーキのレベルは、まだ世界ではつくることができない。フランスのパティシエたちもこぞって日本的シフォンケーキをつくり始めているが、彼らにむずかしいのは、オーブンが違うからだ。

もともとカステラを焼いていた南蛮窯（なんばんがま）がシフォンケーキのふわふわ感を生み出しているのだが、僕はメーカーに依頼してそれを改良してもらった。それによって世界が驚くシフォンケーキができたのだ。南蛮窯という事前の準備があったことに加えて、僕の〝ロック〟を受け取ったメーカーさんが〝ロック〟で応えてくれたことが大きい。〝ロック〟と〝ロック〟の出逢いが化学反応を起こすのだ。〝ロック〟は見えないけれど、「行ける！」という手応えや「やった！」という充足感がお互いの間に生まれる。これが醍醐味（だいごみ）だ。

シフォンケーキに限らず、日本人が独学で確立した技術が世界を注目させ、世界を動かしている現実が僕らの仕事の周辺にはたくさんある。もしかしたら、さまざまな業界でそんなことが起こっているのかもしれない。

そうだとすると、よりクオリティの高いものを広めていけるのは、自分の周辺のことへ参加できる準備の整った人たちだけだ。そして、そのときの動機は、**「自分が楽しいことは、他の人も楽しいはずだ」という、準備力に基づいた確信によるもののような気がする。お客様のための商品であっても、まずは自分が楽しんでつくらなかったら、その仕事自体が嘘になる。**完成するまでは苦しかったけれど、これをつくり上げる過程でいろんなことが分かって楽しかったから、その気持ちも込めてぜひお客様に食べていただきたい、という完成のさせ方が本当だろうと思う。それが、自分がそこに参加した仕事ということになる。

頭で考えれば、積極的に参加するのはわずらわしく、面倒なだけだ、と思いがちだが、現実は違う。**明日に向かって今を超えるものにチャレンジしていけるほうが、苦しくない。**たとえそのときはできなくても、「今ではない」と考えて〝保留〟にしておいてもいい。来年の春に花を咲かせるための準備期間かもしれないのだから。

もし、目の前にいる人が今は理解できていなくても、次に同じような場面に遭遇したときに自分で解決してもらうために言っておくべきことが、今の時点でも必ずある。それを見つけていくのも、自分の周辺にいる人への自分自身の参加の仕方だろう。

どんな仕事でも、常にみんなで、ということにはならない場合があるし、あるケースでは未熟ながらも自分がリードしていかなければならないことだって出てくる。そんなときこそ、**「自分は何に参加しているのか」と考えてほしい。目的や役割を見失わないために。**

かつて、「TVチャンピオン」という番組に出演したとき、その決勝戦の課題がクリスマスケーキだった。そのとき、「こんなに使わないだろう」と分かっていながら、僕はたくさんのパーツをつくって収録場所である製菓学校に持っていった。その準備が僕の参加の仕方なのだ。ギリギリでつくるほうが無駄がなくていい、という考えも理解できるが、その考え方は大事なものを見逃してしまうような気がする。**無駄かもしれないが僕としては準備しておく、と自分に言い聞かせて今日までやってきた。**

「自分を自分で超えていく」。それが〝ロック〟の進化だと思う。

15

〝熱〟が生まれる瞬間

二〇一八年七月、メキシコにトウガラシを探しに行った。チョコレートとマリアージュさせるにふさわしい香りのものを求めていたからだ。現地のガイドさんには、スタッフから連絡を取ってもらっていた。僕は、トウガラシを扱うアメリカの第一人者がくれたものと同じ香りを求めていたから、どこにでもあるようなものではないはずだと予想しながらも、ガイドさんのリサーチ力に期待していた。

さて、現地に降り立った。初めてのメキシコだ。ガイドさんと会って、さっそく打ち合わせに入ったのだが、なんと、「トウガラシを買いに来る」ということしか伝わっていなかったことが判明した。僕の考えているトウガラシがどういうレベルのものかなどまったく伝わっていない。ということは、たとえそのトウガラシを持っている生産者や市場の販売者がいたとしても、コンタクトが取れていないということだ。愕然(がくぜん)とした。

結局、七〇軒の生産者や販売者を回り、一つひとつの袋に顔を突っ込み、くしゃみを連発しながら香りを嗅いでいった。それを横で見ながらガイドさんは、僕がどういう気持ちでトウガラシを探そうとしていたのかがやっと理解できたようだった。

正直、僕は「またか！」と思っていた。実は、こうした状況がたびたび起こるのだ。

あるとき、農家の方にお願いしていた赤紫蘇の天日干しが、天候の関係でうまくいかないかもしれない、という連絡があった。しかし、そのことが連絡を受けたスタッフから僕に伝えられたのは、それからしばらくしてからだった。僕は、届けられるのを楽しみに待っていたし、スタッフもそのことは分かっているはずだ。それなのに、すぐに伝えられないのは、なぜだろう？

おそらく、どんな職場でも、第三者を介して頼んだことが相手に的確に伝わっていなかったり、すぐに報告が上がってこない状況はあると思う。それは、なぜなのか？　僕の関心は、そこにある。

僕は、〝ロック〟なトウガラシや〝ロック〟な赤紫蘇と出逢いたい。「どれも同じでしょ」と考えているようでは、自分自身が〝ロック〟になっていないし、〝熱〟のある出逢いを経験できなくなる。その熱があるからこそ、問題が起きても別の方法を考えたり、計画自体の変更を前向きに考えようとするのだ。そのためにも、トラブルは少しでも早く知りたい。他の生産者から適した赤紫蘇を探すか、赤紫蘇を使わない新作を考えるか、いずれにしても早く変更の決断をしなければならない場面なのだ。一緒に仕事をしていれば、それくらい理解できているはずだ、と僕は考えている。ましてや、「心配性であれ！」と言い続けているくらいだから、人一倍気にしていることは想像できるはずだ、とも思っている。それなのに、伝達に関する問題がたび重なる。

今回は、運よく、薫香（くんこう）が強くて「これはいい！」と思えるトウガラシが見つかった。見つかったのだが、よくよく聞くと、これでも香りは落ちているそうだ。そこで、「トウガラシって、いつ収穫されるの？」と販売者に尋ねると、九月下旬から十月上旬に収穫し、その後に燻煙（くんえん）をかけながら乾燥させていくのだという。風味が最も高いのは、そのタイミングだと聞かされた。それを知った瞬間、「買いつけの時期が違っていた」と思った。それくらいの情報は現地を訪ねるまでもなく、日本でも知り得たはずだ。これもまた、準備不足を露呈した出来事だった。

＊

これは僕の想像になってしまうが、トウガラシのガイドさんは、袋の中に顔を突っ込んで

嗅ぎ分ける僕の姿を見て、自分の役割がまた一つ増えたことを自覚したのではないだろうか。求めるものがここまで明確な人がいると知っただけでも、今後のガイドの取り組み方が変わってくる。自分はどのレベルの要求に応えるべきなのかを考えるだろう。それは、ガイドさんに「心配性」が芽生えるということだ。

僕がスタッフに望むのも、そこだ。「またか！」が繰り返されるのは心配性が足りないということに尽きる。もちろん、心配性であれば、現地のガイドさんに事前に詳細を知らせなければと考えるはずだし、それも電話で直接話してほしい。こちらの熱も含めて分かってもらおうとする意思は、心配性から生まれるものだ。

もし、仕事が単に何かをつくって、売り上げが上がればそれでいいのだとしたら、仕事に対する情熱はどこで生まれるのだろう？　**仕事に自分の世界観が込められているからこそ情熱が生まれ、だから仕事は自分になくてはならないものになっていくのだ。**「エスコヤマ」という店が、大きな街の中でもなく、交通の便がいい立地でもないのは、そのこと自体が社会に対するメッセージであり、僕自身の世界観を込めているからだ。そういうところで働くことの意味を若いスタッフに実感してもらいたい。そして、少しベテランになって後輩ができてくれば、「人を育てる」という意識を持つことで、自分自身の新しい喜びも発見していけると同時に、仕事の熱を再燃させることにもつながるはずだ。
不思議なもので、自分がやってきたことを伝えようとすると、長年の経験から感覚で摑んできた言葉や動作を駆使する以外にない。そうして初めて自分自身に「伝え方」が蓄積されていく。それまでになかった経験をさせてもらうわけだが、これが自分の宝物になっていく。人に伝えたり教えるよりも一刻も早く自分の仕事に取り掛かることをつい優先してしまうが、ぜひ、この貴重な経験をしてほしい。**熱の貯蓄は、誰かのために尽くした時間に比例するはずだから。**

しかも、この手間隙（てまひま）を惜しむと、トウガラシ探しの例のごとく、後になって何倍もの時間をかけて対処しなければならなくなる。お客様のクレーム対応などもまったく同じことだ。**後手に回って〝補修作業〟に時間を使うくらいなら、初めから熱の貯蓄時間に使うほうがいい。**

例えば、新しいことを始めようとすると、目的や方法や注意点をチーム内に共有する時間が必要だ。**参加メンバーが顔を合わせ、意見を交わして、合意が得られた時点で、リーダーがそれぞれの役割を指示する。面倒だけれど、それは大事な〝事前準備〟の段階だ。**

「目的や方法や注意点は一斉メールで送信するほうが合理的だ」と考える人もいるだろう。

しかし、それが僕の言う心配性の欠落なのだ。それで問題が起こったときに、きっと疑問が出てくる。「何に参加していたのだろう?」「どこを目指していたのだろう?」「誰のためにがんばっていたのだろう?」と。仮に、トラブルなく進めることができたとしても、ディスカッションも不足し、メンバーの気持ちも理解できていない、そんな熱の生まれない仕事を通して得られるものって、何だろう?

全員が全体像を頭に描きながらそれぞれの仕事を進めていくことを「チームワーク」と呼ぶのだとすれば、チームワークのレベルは、事前準備の熱と時間に比例するのではないだろうか。一人ひとりがものづくりに打ち込む現場ほど、会話が飛び交っていなければならない。

*

ある日、今日中にお渡ししなければならないデコレーションケーキが四個あった。四人のお客様からのオーダーだった。

ところが、担当者がそのうちの一個を失念していた。大急ぎでつくって、片道二〇〇キロをお届けすることになった。

心配性の僕は、担当者と話をした。そのスタッフ曰く、「今後は、『正』の字を書いてチェックしていきます」。

僕は、「反省のポイントが違う」と言った。表面的には、確かに数が足りなかったわけだが、問題を再発させないための視点は、そこではない。材料のこと、保管のこと、お客様のご要望内容、段取りをしてくれる他のスタッフのこと、完成する日時の把握、自分の休憩時間の調整など、あらゆることを頭に入れながら一個のケーキがつくられる。それがあるべき姿だ。それでも予定通りに進まないことが起こり得る。その〝想定外〟さえも「あるかもしれない」と分かったうえでおいしいケーキをお届けする仕事なのだから、数のチェックの話ではない。「私はなぜこのケーキをつくるのか？」という大きな大きなテーマが自分のものになっているかどうかを僕は問いたかったのだ。

そうしたことが意識されて動いている人は、前日の準備段階で翌日の工程を頭の中で〝予習〟しておくことになるから、実際につくる段階では、「工程」以外のこと――例えば味や香りや形など――に注意を向けることができる。**〝予習〟が不完全な人ほど段取りに追われ、数を揃えることだけで手いっぱいになる。**

〝予習〟をしっかりとやったうえでの失敗は、新たに〝予習〟の精度を高める学習になるけれど、〝予習〟のない失敗は、何が原因で起こったのかを理解できない。だから「正」の字で対応できるはずだとポイントのズレた考えに向かってしまう。

問題が起こったとき、よく「みんなで話し合って解決していきます」とスタッフは言う。そういう反省の仕方もあるけれど、すべてが話し合いで解決できるものではないし、話し合うことによって問題のポイントが不明瞭になっていくことだってある。誰かが——もちろん責任者が気がついていけば本当はいいのだが——「ここだな！」と探し出して全員に伝える。再発しない工夫をしていく。それが確実な方法だし、それでこそ熱が共有される。多数決を持ち出す場面ではないのにみんなで話し合っていくうちに熱が冷めていく、ということは多くの人が経験しているはずだ。

伝えようとするけれど、すんなりと伝わることはない。そのもどかしさを何とかしようと思うから、伝え方を考え直す。必死になる。丁寧な資料をつくる。映像化する。そうすることが熱を生んでいくのだと思う。

僕自身も、僕の考えていることを伝えたいと思うから、それが伝わったかどうかを確認しようとするし、理解できるまで付き合ってあげたいと思う。そうすると、間違った反省をしていることも指摘してあげたくなるのだ。些細（ささい）なことを放っておけなくなるのは、そういう理由からだ。

結果が良ければOKなのではなく、その仕事に携わる全員が何に合意しているのかが大事なのだ。そのための〝予習〞であり、それを生み出すのが必死さだと思っている。

16

「私はどんなクオリティで生きていきたいのか？」

問題が起こったときに「放置すれば楽だ」と考える人と、「なんとかしなければ」と思う人がいる。この違いが人生のクオリティを決めてしまう気がする。

僕は、**本当の経験というものは「問題から始まる」と思っている。問題を避けていたら、経験を積んでいくことにはならない。**

では、問題を自分の経験にしようという意思を持っている人と、そうでない人の違いは、どこから生まれるのか。

「他人事（ひとごと）」と「自分事（じぶんごと）」の違いだ。問題が自分事になっているかどうかだ。

自分事の問題であるにもかかわらず、誰かがやってくれることを喜んでいてはいけない。

同時に、その本人の問題を奪ってもいけない。「育てる」ということの中には、必要な失敗はあえて経験させる、という意味も含まれる。

経験を奪うのは、何も他人だけではない。自分自身が自分の経験を棄（す）ててしまう奪い方だ

ってある。これのほうが無意識もからむ分、問題としては根深い。

自分事を他人事にしてしまうその一つが「慣れ」だ。「お客様からご指摘がありました」「現地のガイドにうまく伝わっていませんでした」「代わりの材料の手配が遅れました」といった残念なお知らせをすることに慣れてしまったら、次の行動が始まらない。問題の他人事化は、こういうことから始まっていく。

知識として「正解」や「正論」を先にインプットしてしまい、そこに安住してしまう人も、経験に触れることができなくなるから他人事を増やしてしまう。

僕はケーキ職人になってから、数え切れないほどの失敗をしてきた。そして、その数え切れない失敗を自分で何とかしたいと思うから、いろいろなことを試したり、自分で編み出したり、意識的に変えてみたことがたくさんある。時には、先輩から言われたこの世界の〝常識〟すら「ほんまかなあ？」と疑ってみたりもした。その過程で、自分なりの答えや法則を見出してきた。

ところが、僕の言うことを自分で試すことなく、そのまま「正解」として頭に入れてしまうのは危険なことだ。自分の経験ではないのに、分かったつもりになってしまうからだ。いざというときに自分で解決していく力を身につけることと、正解を知っていることは意味が違う。

成功もしなければ失敗もしない日々が常態化してくると、さまざまなことが自分の身にならない。成功であれ失敗であれ、きちんと経験してほしい。なぜ今回はうまくいったのか、なぜ予測に反して失敗したのか、そこをとことん考え抜いてほしい。そうして初めて経験が自分のものになっていく。

自分自身の経験から、失敗の原因を追求し改善していくプロセスこそ最も人が成長できる時間だと実感している。そのプロセスを経ないで、言葉だけは正論を語ることができたとしても、気がついたときには、どんどん他人事の世界へ迷い込んでしまって、五感は閉ざされてしまっている。だから、僕は「失敗は宝だ」と考えて、失敗したスタッフほど根気強く関わる。他人事の意識も、失敗の一種だと思って目を光らせる。

*

以前、こんなことがあった。僕とスタッフの二人で海外から帰国するときのことだ。エコノミーを予約していたが、ビジネスクラスに一席だけキャンセルが出て、スタッフが空いた席に移動できる幸運に恵まれた。

ところが、そのとき僕は三八度を超える熱を出していた。具合の悪い人がいれば席を譲るという発想を持つのが普通だが、「やったー。ラッキー！」と、彼はそのままビジネスクラスに行ってしまった。もちろん、普段から僕に小言を言われている腹いせに、と思ったわけではないだろうけれど、その場面で「代わってほしい」と頼まれるまでもなく、自分がどんな行動をする自分でありたいか、という自らの指針で判断できるようになってもらいたいと思った。

そして、そういう日常の行動と、「クレームが来た。仕方ない」「伝わらなかった。仕方ない」「手配が遅れた。仕方ない」と考えることは、どこか共通点があるような気がするのだ。

あるとき、チョコレートにトウガラシの香りを移してみようと考えた。通常は香りが完全に移るには一〇日から二週間は必要だが、「まずは実験として、翌日の香りの具合を確かめてから方向性を見極めたい。明日、確認したら連絡してね」とスタッフに頼んでおいた。

ところが、一向に連絡がこない。気になって問い合わせると、「シェフとゆっくり話ができるときでいいと思っていました」と消極的な発言が返ってきた。

ここなのだ。「今度でいい」という考え。〝今は仕方がない〟を理由にしてしまうことに違和感を覚える。もし、この方法では香りが不十分ならば他の方法を考えなければならないし、もしかしたらトウガラシそのものを早急に取り換えなければならないことだってあり得る。もっと言えば、時間をおいて対応できないことがお客様の目の前で起こったら、「今度」では済まないはずだ。

なぜ、こういう考え方になるのか……。どんなときに、どのように関わっていけば、彼らや彼女らはもっと積極的に自分の可能性を発揮しようとするのだろうか……。そんな疑問が僕の頭の大半を占めるときがある。

僕は自分が「つくり手」だから、そういうことが気になるのだろうか？　そうではなかったら僕もお客様のクレームをそれほど気にしなかっただろうか？　遅れて届かなくても焦らないだろうか？

*

そんなことを考えながら、ふっと思い至った。もしかしたら、自分事と他人事を分けるのは、たった一つの自分への問いかけかもしれない。

「私は、どんなクオリティで生きていきたいのか？」

常に「どんなクオリティで生きていくのだ？」と自問していたら、日々の出来事に慣れることもなくなるはずだ。いいものをつくりたい、失敗を未然に防ぎたい、お客様に喜んでいただきたい、地域の方にご迷惑をかけたくない、みんなが成長してほしい、この店を世界一働きやすい場所にしたい……そういう決意や願いもすべて「自分は、どんなクオリティで生きていくのか？」という地点から生まれてくるような気がする。

「学習」というのは、そのクオリティのことを言うのだろう。やらされたり、いろんな知識を詰め込むことが学習の本質ではなく、どのレベルに自分は満足するかということをさまざまなことに触れながら学んでいく、それが自分事としての学習だ。虫の獲り方、絵の完成の仕方、バレーボールのスパイクの打ち方……子どもの頃から自分のレベルを摑んでいく大事な学習の場面に出逢ってきているはずだ。

同じように、エスコヤマでみんなと一緒に仕事をしていく中にも、商品や空間づくりのレベルを学ぶ機会が用意されている。それが自分のクオリティを高めていく日々であり、それを自分に必要だと思う人たちが集まってくれていると信じているし、その機会をたくさん提供していきたいと思うから、僕は、宿題や注意を与えながら関わっていく。

だが、現実は、同じような問題が何度も繰り返されるケースがなくならない。優しさと目的をはき違えていたり、自分に向かうべき問いかけと他人に向かうべき問いかけが逆になっていたり、という出来事もある。どこにでもよくあることだ、と言ってしまえばそれまでだが、僕はそこを割り切りたくない。どこにでも起こる問題を起こさないチームになりたいのだ。

自分事だから自分の求めるものが明確になる。自分の求めるクオリティが明確だから、そこに到達できるかどうかを心配する。心配だから前段階に力を注ぐ。前段階に真剣になるから自分の目と耳と舌と手触りで確認する。自分で確認するから、それが疎(おろそ)かな人にアドバイスをしていく。アドバイスをするから、自分のクオリティが高められていく……チーム全体にそうした好循環が生まれてくることを願う。

だから、問いかけるのだ。『言いました』のレベルで生きていきたい？『伝わりました』のレベルで生きていきたい？」と。

メキシコから買ってきたトウガラシに後日談がある。

僕は、一つの発見をした。日本へ持ち帰って嗅(か)いでみると、買ったときの何倍も強烈な香りがしたのだ。なぜだろう？　と考えて分かった。トウガラシを買った店は、そこらじゅうにトウガラシの匂いが満ちていて、その中で強い香りのものを選別してきたのだから、日本で嗅げば当然、より香り高く感じられるのだ。

この経験を人生に当てはめると、こう言えるのではないか。「生き方のクオリティが高ければ、どんな環境にあっても自分という〝香り〟は抜きん出ていられるのだ」。

＊

洋菓子店のオープンは、特別だ。

慣れないスタッフと働くにもかかわらず、お祭りのようにショーケースに商品を並べないと華やかさが生まれない。

「エスコヤマ」は、厨房が完成してからたった一〇日でオープンを迎えた。当然、スタッフたちのリハーサル時間も限られているから、エスコヤマのすべての商品をスタッフに教え込む時間がない。オープンの日に初めて会うスタッフもいるほどだから、そんな状況でショーケースいっぱいに商品を並べようとすれば、数を揃えるだけでクオリティがともなわないかもしれない。僕は、自分でOKを出せない商品を店に出すことが、嫌だった。お客様の第一印象に自分で責任を持てないからだ。

だから、エスコヤマのオープンでは、自分の商品にこだわってショーケースをいっぱいにする華やかさより、信頼できる何人かのパティシエに頼んで、それぞれの店で僕がおいしいと太鼓判を押せる商品を何点かずつ指定して、そのつくり方をうちのスタッフに指導してもらった。そして「エスコヤマ」のオリジナル商品と彼らの商品を並べた。「俺の商品が一緒に並んで、それでええんか?」とパティシエたちには言われたけれど、納得できないものを数として揃えるよりも、クオリティの高いものをお客様に届けることが僕の生き方のクオリティだから「うん、それでええ」と言えたのだ。

17

自分と向き合う自分はいるか？

「エスコヤマ」で一緒にやってきた一人のスタッフが独立することになった。祝福すると同時に、ぜひ成功してほしいという祈るような気持ちもある。

お菓子の業界は、「いずれは自分の店を」と考える人も多く、入社してくる人たちもいつかは独立していくかもしれない、という予測を抱えながら一緒に仕事をすることになる。

独立したくても、みんなができることではない。独立できても継続していくことはもっと大変だ。オリジナル商品をつくり続けていくのは相当の努力とセンスを要することだ。それが分かっていて、それでも自分でやっていくと決めたならば、僕は応援する。自分がオーナーになってやってみなければ分からないことも間違いなくある。

お店のオープンに当たって彼から相談を受けた僕が、一連の出店準備の過程で最も大事にしたいと考えたのは、彼自身が「エスコヤマ」にいた期間に「本来どう過ごすべきだったか？」と振り返ることだ。それは、**自分のことを自分で理解するということ。自分の長所も**

欠点も含めて自分はこういう人間だ、と理解して初めて、自分がオーナーになるお店の設計や商品のラインナップも決まるはずなのだ。自分以上のお店を運営、維持していくことはできない。

彼が「エスコヤマ」に入社してきたとき周りにいたのは、オープニングからのベテランスタッフや、味覚の鋭さや研究熱心さで採用されたスタッフたちだった。その中にいて、突出した個性を持たない彼はどちらかといえば存在感が薄かった。でも、そうした環境の中で、いろんな人の相談に乗ったり、落ち込んだ人の気持ちを理解してあげることに自分の存在意義を見出し、人の好さを武器にして職場に貢献する生き方を見つけていった。

ただ、それだけで自分の店が維持できるほど甘いものではない。苦手であっても、アイデアを生み出し、新商品を開発し続け、アピールしていく、その先頭に立たなくてはいけない。スタッフだって自分で集めていかなければならないのだから、かっこいい先輩であり、かっこいい経営者だと思ってもらえなかったら、人はついて来ない。そういう「場づくり」を彼は始める立場になるのだ。

決してつくることが上手ではない彼は、自分が「太陽」となって周りを輝かせるタイプではないし、彼自身もそれは分かっている。自分が太陽となることはむずかしいならば、月明かりが自分らしさの象徴だと発想を変えてみる。そうすると、周りに照らされてきたことに気がついて、感謝する気持ちも生まれるだろうし、自分で集めるスタッフの光を受けて、それによって世の中を明るく照らす「月」となっていく。だから「月」をコンセプトにすることを提案した。

そんなイメージが固まってくると、店の設計士たちも「そう、そう」と理解し始め、自分の役割が見えてきたようだった。

*

基本的なこととして、自分で店を持つには自分自身を知っている必要がある。自分を知らなければ闘うことはできないからだ。自分はどこかの店で働くほうが向いているのか、自分で引っ張っていくほうが向いているのか、その違いを見極められるのも自分を知ればこそだ。

働くということは、仕事を通して自分を確認していく時間だと言い換えてもいい。パティシエになりたくて入社したけれど自分には向いていないと知って、エスコヤマの中の他の部署へ異動する人もいるが、それも自分を確認できたからだ。僕は、それでも「お菓子屋さん」であることに変わりはないよ、と言っている。お菓子屋さんは、たくさんの仕事をする人たちで成り立っている場所なのだから。パティシエという仕事が自分のイメージと違ったとしても、それがきっかけとなって自分を再発見してくれたら、パティシエを目指したことに意味があったということだ。

そのために、子どもたちの将来のために、やっておきたいことがある。お菓子屋さんがいろんな仕事で成り立っていることを絵本で紹介したいのだ。「お菓子屋さんになりたい」と思ったときに、「こんなこともお菓子屋さんでできる！」と知ることは、「好きなことができる場所」を見つけるときに役に立つはずだから。そうすると、お菓子屋さん自体も変わっていくと信じている。

どうしても製造部門がメインに見える業界ではあるけれど、接客する人も、電話のオペレーターも、清掃スタッフも含めて、さまざまなプロフェッショナルな仕事をする人たちがいて成り立っていることを本当に実感したら、お互いが尊敬と感謝を持ち合う場所になるはずだ。

だから、**折に触れて、誰かが自分の代わりにやってくれていたことがあるのではないか？助けていたつもりが助けられていたのではないか？　だから自分のポジションでやってこれ**

たのではないか？　という振り返りをしなくてはいけない。自分に欠けていることを探す手掛かりは、そう意識して見つけていくしかない。オーナーだから偉いのではない。つくっているから偉いのでもない。どの人も自分にとって大事な人だと言える人になることが価値あることなのだ。どの人も応援する理由が、そこにある。

＊

他の人の存在にお互いに感謝できる、そんな誇れるチームから生まれた商品をお客様に喜んでもらうことは、お菓子職人としては何よりも幸せだ。それは僕の願う社会のあり方でもある。誰もがそういうものを世の中に届けてほしいし、そんな関係で世の中がつくられていくことを心から希望する。

究極的にスタッフに願っていることは、エスコヤマでの仕事を通して、僕が語りかける言葉を通して、みんなが自分の得意なことや、心の奥底に仕舞い込んでいた夢に気がついて、自分を知っていくこと。そして、そういう自分を世の中に活かしていく努力を続けてくれることにある。

そのために僕を活用してもらいたい。その実践の場が、このエスコヤマというワールドだ。そして、三田市の街の人たちが、「こんなおいしいお菓子屋さんが、うちの街にはあるんやで」と、いつか自慢してくださることを夢見ている。

ファミリーみたいな仲間たちとやってきた店も、間もなく一六年が経とうとしているのだから〝子どもたち〟が巣立っていくのは自然なことだ。そういう時を迎えているのだと思う。これもお店を始めた当初は想像できなかった幸せの一つだ。

一般的に考えると、いずれ独立して自分のもとを離れていく人にいろんなことを教えるなんて、無駄じゃないのか？　損なことをやっているんじゃないのか？　という意見もあるだろう。でも、そこで思うのは、独立していく人の夢と僕自身の夢との接点についてだ。

二〇〇三年十一月にお店をオープンして以降、僕の意識の中で、世の中に対する自分の責任というものが徐々に変化してきた。お客様に喜んでいただくことだけではなく、地域への貢献やスタッフの人間的成長をサポートしていくことも僕の中では大きなウエイトを占めてきた。だから、目の前に、夢を持っている若者がいれば、何とか成功させてあげたいと思うし、「この子自身はちょっとどんくさいところもあるけれど、お菓子はめっちゃ優しくておいしいんですよ」といろんな人に紹介してあげたい。自分の夢を実現するのは自分自身だけれど、僕と彼／彼女が人生のある時期、一緒のお店で仕事をしたということは、まぎれもなく夢の接点を紡いできたことになるのだから。

普段、周りにいるスタッフは、僕一人ではできないことや、僕の苦手なことをやってくれている。そういう人たちを応援する役目が僕にはある。自分でカフェをやりたい、新しいことにチャレンジしたい、そういう夢を持ってエスコヤマを〝卒業〟していく人たちの個性が、もっともっとかっこよく輝いている未来を、僕自身が見てみたいのだ。

18

自分を新しくしてくれる〝外の目〟

エスコヤマはオープン当初から、店の周辺に長い車の列ができた。近隣の方々のご迷惑になることは避けたかったので、駐車場も徐々に拡張していったが、もう一つ、僕が懸念していたのは、その車列を見た人から、「小山は〝商売人〟なんだな」と思われることだった。僕が商売人だったら、都会のど真ん中に出店して、どんどん広告も出して、チェーン展開する。でも、子どもの頃に野山で遊びまわっていた経験から、大好きな自然のある場所に納得できるお菓子を並べた店を出したかった。「そんな場所では儲(もう)かりませんよ」と銀行からも言われ、ことごとく融資を断られたけれど、それでも諦(あきら)めなかったのは、お菓子と一緒に〝お菓子の周辺〟もつくり上げていきたかったからだ。

僕は、いつもつくり手でいたいと思っているから「小山はお店には出ないで他の人に任せている」などと勘違いされたり、お客様や近所の方々にご迷惑や誤解を与えているとしたら、それは間違ったイメージを与えているほうに問題があると自分に言い聞かせてきた。だから、正しく伝えるには、いろんな形でメッセージを出すことも必要だし、お菓子教室を開いて僕たちを直接見てもらうことも大事だと考えた。

それでも、一〇〇人が一〇〇人、理解してくださることはむずかしいだろうとも思っている。だからといって、体裁を整えたり、偽ったり、欺（あざむ）くようなことはしたくない。正直に生きながら、でも伝えたいことが誤解を招かない努力をしてきた。

そんなふうに、オープンする前には分からなかったことがたくさん出てきて、「何も分からずにお店をつくって申し訳ありません」という気持ちと共に、ある意味で分からなかったことが分かってきたのはありがたいことだとも思っている。なぜならば、そこが明確な改善ポイントになっていくからだ。そして、お菓子屋のオーナーとして迷惑をかけないようにしなくてはいけないという発想と同じ地平に、きっと自分の気がつかないところで誰かに迷惑をかけているのだから、一人の人間としても世の中の役に立てるようにならなくちゃいけないという考えも芽生えてきた。ホームページでも、パンフレットでも、著書でも、講演でも、商品に限らず人間として伝えていくべきメッセージを伝えていこうと思うようになった。

この視点に立って変わってきたことは、「自分にできることはもっとあるはずだ」と考えることが習慣になったことだ。おそらく、次に進むべき道はそうやって切り開かれていくのだろう。そして、それは苦行ではなく、むしろ気持ちよくて充足感を得られるのだという喜びを味わっている。

きっと、こんなふうに言うことができるのではないだろうか。

「外から自分に向けられている目が自分を新しくしてくれる」

「こんなものでいいだろう」と慣れてしまうようなことも、外から向けられている目を意識するだけで改善できるはずだ。実際に向けられているかどうかは関係なく、自分がそう意識してみればいい。そうすると、自分の中で「ここで完成と思っていいのか?」「もっとやれることはないのか?」とチェックする自分が生まれる。**もう一人の自分との対話だ。**

人は、「外の力」を借りながら自分を変えていく。**変わるというのは、自分でつくっていたイメージを壊して、現実を知り、より現実に適合した自分につくり直していくことだ。**そして、「外」とは、親だったり、先輩だったり、後輩だったり、時には自然だったりする。

僕も誰かにとっての「外」になれることがあるかもしれないと思うから、伝えることを諦めない。地域のお菓子教室も学校での講演会も、僕のほうこそラッキーな時を与えてもらっているのだと考えている。逆に、そういう機会を無視してしまうと、自分を変えていくタイミングがなくなってしまう気がする。

＊

「もうちょっと生クリームを足してみたら、味わい深くなるはずなのに」と思う場面があるように、スタッフ一人ひとりを見ていると、「ここのところをちょっと変えられたら、もっと違う世界が彼には見えてくるはずなのに」と思うことが多々ある。

考え方が少し変わるだけで、もっともっとたくさんの人の気持ちが理解できる人材になるはずだ、と直感が働くとき、僕は放っておけない。それは知り合いだからとか、仕事だからといった次元のことではなく、同じ場所に生きている者としての心情だ。社会が変わっていくのは、そんな小さな関わりから始まるような気がする。

でも、あるステージに立った者にしか見えないものを教えることは、むずかしい。教えられないことほど大事なものが含まれるから、なおのこともどかしくなる。

教えられないことの中でも、僕が最も価値のあることだと思うのは、**「人と一緒に仕事をすることはこんなにも楽しいことなのか」と気づいていくことだ。**そして、その延長線上には、自分が気にかけていた人や何度も何度も失敗していた人たちがいつか自分の足で歩き始めるのを見届けられる幸福感があり、そのことをスタッフにいつか味わってほしいと願っている。「この仕事をやってきて良かった」という思いが心の底から湧き上がってくるのは、そんなときだ。

他人の面倒を見る立場になるということは、責任も重くなるのだけれど、子育てと同じで、日々の成長を間近で見ることができるありがたさを実感する。そして、そんなありがたさに出逢っているうちに、自分自身も仕事に対する向き合い方が変わってくる。そういう人が幹部になっていくと、組織全体も変わり始める。僕は、エスコヤマがそんなふうに可変的な、生き物のようなチームであることを望んでいる。誰がいても、誰がやっても、まったく変わらないというのは、初めから人が成長することを否定しているし、人それぞれの創造力を奪い取ってしまうシステムでしかない。

＊

チームで仕事を続けていくときに不可欠なのは、「継承されていくもの」のクオリティだ。お菓子のクオリティや、つくる技術のクオリティだけではない。喜びのクオリティ、チーム意識のクオリティ、お菓子の周辺にあることへの気づきのクオリティ、すべてがそうだ。

異なる仕事をする人たちをまとめていくのは、ある意味では矛盾するものを一つに束ねることになるわけだから、容易ではない。容易ではないからこそ、語り合ったり、喜びを共有していくための工夫が始まる。そして、みんなが「お客様のために」というパフォーマンスをするのがプロであり、そのように結集させていく役目をリーダーは担っている。

お店の商品を生み出していくことと、個性豊かな人材をチームとしてまとめていくことは、似ている気がする。たくさんのアイテムを持つことは、いろいろな実験ができるということにほかならない。

例えば、「小山ロール」や「小山流バウムクーヘン」の他にも、チョコレートで安心感を与えられるチョコクッキーの「MADOKA―円―」やチョコサンドの「SOU―奏―」。それらがあるから、毎年世界に発表し続けている四粒のチョコレートでは、抹茶やトウガラシや味噌(みそ)やカシスの新芽といった変化球をいくつも投げることができる。安心感と冒険心のバランス、これこそ〝ロック〟の要諦(ようてい)だ。子どもたちが目にしたときに「うわー！　宝石だー！」と驚かせるボンボンショコラ（中に詰めものをしたひと口サイズのチョコレート）も冒険心から生まれている。

お菓子屋さんという装いの中だからこそ、独自性を発揮できる。独自性として、世の中に何をお伝えすべきか、どんなパフォーマンスができるか、それはスタッフ全員の日々の冒険心にかかっている。**自分と経験をマリアージュさせていくのは、自分自身だ。**

19

未完成に挑む〝ロックストーリー〟

いつまでたっても〝弱点〟をなくすことができない。もちろん、お菓子づくりのことだ。例えば、「小山ロール」。オープン当初から看板商品の一つとしてつくり続けている。年々、そのクオリティが高くなっているのは間違いないが、「完成」させることができない。「まだまだいける」と感じているのだ。

商品としての合格点は出せる。だけど、「こんな極限のイメージにまで近づけたい」という願望からすると「未完成」なのだ。**「絶対に進化させる！」と挑んでいく〝ロッカー〟であり続けられるのも、未完成であるがゆえのことだ。**容易に完成だと思わないということは、自分の中でハードルを上げ続けているということであり、その体力を自分が持っている証(あかし)でもある。そうして、自分の理想のレベルに近づけるための材料や道具や人に出逢い続ける道を歩いていく。

お店づくりもまったく同じだ。どこまでやれば十分だ、という終わりがない。「あかんことだらけやなあ」といつも思っている。ずっとあかんことだらけだった、けれど、「これで十分だ」と言える完成形を見てみたい、そう思ってやっている。

お客様の満足や商品開発や設備のことに限らず、自分の思っていることをスタッフに伝え尽くしたかどうかも含めて、あかんことばっかりだ。でも、そこへの挑戦を抜きにして完成形に近づくはずがない。スタッフがここで仕事をすることを幸せに感じてくれて、もっともっとお客様のためにできることを自分でつくりだしていけるようになったら、完成という姿が見えてくるのかもしれない。

自分の弱点を凝視し続けるのはしんどいことかもしれないけれど、自分の〝ロックストーリー〟はその過程でつくり上げられていく。**褒**(ほ)**められたことをいくらかき集めても、自分の目指す完成形にはならない。**

＊

「エスコヤマ」のお菓子が僕のロッカー魂に火をつけるのは、努力や技を超えたところに挑むべき〝相手〟がいるからだ。それは、日本の四季だ。

これほど四季が明確な国もないと言われる。極論すれば、僕らは四つの季節の国で暮らしているようなものだ。それなのに、レシピは一つ。夏のチーズケーキと冬のチーズケーキを同じレシピでつくることのほうがおかしいくらいなのだ。

気温も湿度も季節によって異なれば、材料の質も当然違ってくる。卵一つにしても、夏の鶏はたくさん水を飲むから冬場のものに比べて卵白がとても薄い。だから、メレンゲの泡立ちが悪い。さらに、夏場は湿度が高いので、生地の中にある水分が抜けにくい。これを最初から湿度に合わせて水分調整してもうまくいかない。オーブンを調整しながら、時間をかけてゆっくりつくらなくてはいけない。夏の「小山ロール」は本当にむずかしい。だけど、それがもっと丁寧に、もっと用心深く、という心構えを自分に宿らせてくれる。そういう自分を鍛える姿勢が〝ロック〟でもあるし、夏を超えたとき、ちょっとだけ自分の成長を実感できる。

ただ、**僕は逆転の発想を忘れない。**甘いお菓子の需要が減る夏場に売れてこそホンモノだと思うのだ。クオリティの高いものをつくりづらい季節に、「おいしい！」「もっと食べたい！」と言ってもらえるよう、「ここが腕の見せ所だ！」と考える。

今、日本のお菓子職人が得意な「ふわふわ、しっとり」のお菓子が世界から注目されている。それほど、他の国では簡単にはつくれない質感を生み出している理由は、日本の窯(かま)にある。

る。「ふわふわ、しっとり」を可能にするオーブンを生み出してきたからだ。

その原点は日本のお米の文化に関係しているのではないかと考えている。ご飯をふっくらと炊きあげる釜づくりの技術が、洋菓子のモチモチ感を生み出す日本製のオーブンに活かされているのではないかと思っている。技術に改良を重ねることができるから日本のものづくりは進化し続けている。

お菓子にとっての難敵である四季は、微妙な違いや繊細な感覚や細かい調整能力を日本のお菓子職人たちに求め、鍛えてきた。そうして弱点がオリジナリティになった。また四季は、お客様の感じ方にも変化を与える。人の体も季節に応じて変わるのだから、同じものを食べても季節で味わいに違いが生まれるのは当然のことだ。その四季を超えていくのが僕たちの仕事なのだ。

＊

昨日は「小山ロール」の断面の焼き加減を見てこんなことが分かった。今日は別のところにも気がつくようになった。そういうプロセスを踏んでいく以外にお菓子の完成に近づく方法はない。そして、そんなことを新入社員にも伝えていくことで、「小山ロール」のクオリティが生まれる「エスコヤマ」そのもののクオリティも必然的に高くなるはずだ。そうして僕が見てみたい店に一歩近づくことになる。

そう考えると、まだまだ可能性はある。もし、今が「六〇点」だとすると、あと「四〇点」分の伸びしろを抱えた店だと言える。

でも、おそらく「一〇〇点」を目前にしても、そこで再び「今はまだ六〇点」と僕は思うだろう。**自分が成長し続けるから辛口の点数を自分につけることができる。**「これでいい」と思うのは、終わるときなのかもしれない。それまでは、もがき続けることになる。いや、正しく言えば、もがき続けたい自分がいる。

得てして、人は誰かに聞いたことや間接的に知らされたことを本当のことだと考えたり、あたかも自分が経験したことのように勘違いする。「あそこのイチゴはおいしいですよ」は自分の経験ではない。実際に食べてみて初めて「自分でショートケーキをつくってみたいイチゴに出逢った」という経験になる。スタッフ全員が、そんなふうに経験を重ね合わせながらお菓子をつくる日が早く来ないかと待ち遠しくて仕方がない。

そのとき、「お菓子って、そうやってつくるものやで」という会話をしているだろうと思う。その夢のような場面を思い描くならば、僕もスタッフも、毎日違う自分になっていかなければいけない。**今日の自分でいいと判断したら終わりだ。未完成でいい。すぐに完成形を求める人は、自分の実感がなくても先へ進んでしまう。未完成を歩み続けるという努力を怠（おこた）らない人は、常に実感に基づいて判断していく。**だから、あれこれ聞かされても振り回されることなく、自分の信念に従った態度を決められる。

お菓子づくりは生き方なのだなと気づくのは、そういうときだ。

20

レシピは神様だろうか？

若いスタッフは、一日も早くレシピ通りにつくれるようになることを目指す。当然と言えば当然だろう。パティシエの第一歩はレシピを渡されるところから始まるのだから。

でも、レシピを再現できることだけが、お菓子職人のやるべきことなのか？　と僕は考える。

和食の職人さんの場合は、隣で先輩や師匠が味を調合していく姿を比較的目にしやすい。でも、レシピが誕生するところを見ているパティシエは少ない。僕は、レシピが出来上がっていく過程を見せるほうだが、商品開発が頻繁に行なわれないお店の場合は、新しいレシピとなかなか出逢えない。

「エスコヤマ」のように年間に何百ものレシピをつくっていくお菓子屋があっても、それでもレシピは決して神様ではない。お菓子づくりにおいてレシピは一つの実験結果に過ぎない。あくまでもベースとなるものとして考えておいたほうがいい。

そのレシピを自分でどこまで読み込んでいけるのかが料理に携わる者すべてに問われるのだ。そして、その読み込みの度合いが、自分の成長度合いにつながる。お客様や食材や季節感や天候などへの想像力が備わっていないと、レシピは単に文字や数値が書かれたメモでしかない。想像力で読解していくのがレシピなのだ。

レシピが読み取れるようになれば、気をつけなければいけないことがそこから推測できたり、何がポイントになるのかも予測できるようになる。

数年前に、マダガスカルのバニラビーンズが希少になったとき、価格が高騰した。それまで当たり前のように手にしていた物がなくなって初めて、貴重な材料であることを再認識させられた。冷蔵庫を開けるとそこに必ず牛乳が入っていることを僕らは当たり前だと思っているけれど、実は当たり前のことなど世の中には何もない。僕たちの仕事だけでなく、人間である以上、自然界の法則からは誰も逃れることができないのだ。それがマダガスカルのバニラビーンズからのメッセージなのだと思った。

フランスのパティシエたちの中には、他のバニラビーンズに切り替えた人が多かったけれど、僕は、マダガスカル産でなければこれまでと同じクオリティは出せないと思った。マダガスカルのバニラビーンズを使えなくなって、僕はバニラビーンズの本当の力を知らされたのだ。そして、新しいチャレンジの機会をもらったのだととらえた。だから、現実の状況とともに、バニラビーンズは使わず、それまでの砂糖を換えてちょっと違ったおいしさの「小山ロール」になったことをお客様にお伝えした。『「小山ロール」』の意味がようやく分かりました。時代や状況に対応できて、その瞬間のベストクオリティを提案するロールケーキのことだと今後は言います」ともメッセージした。

どこかのバニラビーンズが入っているのが小山ロールなのだ、という固定観念から脱却させてもらったことはありがたいことだった。つまり、これが「レシピは一つではない」ということの具現化だ。その時々の自己ベストこそ、レシピ以上に価値のあることで、それがエスコヤマの商品なのだ。僕たちが磨き上げていかなければならないのは、すべてを駆使してベストを生み出す「対応力」なのだと、手に入らなかったバニラビーンズに教えられた。

何が起きるか分からない時代を僕たちは生きている。苦労してつくり上げてきたレシピにしろ、マニュアルにしろ、「これが絶対」とは言えないのだ。でも、どんなときでもお客様に喜んでいただくこと、それしかない。そのための自分であり、そのための四季であり、そのための経験なのだ。

レシピは、あくまでも〝実験結果〟。そのことに僕は若い頃に気がついた。「これでおいしいお菓子が生まれてくるなんて、すごい！」と思う一方で、「僕たちがこれを進化させることもできるはずだ」とも考えた。和食の料理人のように、そのとき、その場で、自分の舌で確かめながらよりベストなものをつくり出していくパティシエにならなくてはいけないと肝に銘じた。ひと言で言えば、**「レシピを超えていく」**ということだ。

＊

考えてみると、「小山ロール」のレシピは偶然の産物でしかない。カスタードクリームの中にはバニラビーンズが入っていて当たり前だと思っていた。そして、それ以降も当たり前に入れていた。それだけのことだ。

であれば、思い込み以前に立ち返って、バニラビーンズを外してみるという方法は当然あっていい。**成功に固執しない自分であれば新しい方法が見つかるのだ。**臆病にさえならなかったら打開できるということを学ぶきっかけになった。

バニラビーンズがなかったら何もつくれないと考えているとしたら、その瞬間、「じゃあ、あなたは何なのですか？」と自分の存在に対して突きつけられる。マニュアル通りでなければ何もできない、何の手も打てない、そんな人にはなりたくない。それがレシピを超え

ていく人だ。

若いお菓子職人たちに言いたいのは、お客様に対して誠実であってほしいということ。それが僕たちのなすべきことなのだから、一つの実験結果であるレシピに縛られないでほしい。リスペクトしてもかまわないけれど、もっと自在な目で見てもらいたい。時にはレシピの逆をやってみてもいい。表に出てきたレシピの裏側には、別のレシピが眠っているからだ。**レシピは守るものではなく、自分が生み出すものだ**と早く摑み取ってほしい。

僕も若い頃はレシピ通りに材料を量ってそれを懸命にかたちにしていた。でも、常に疑問を持っていた。「なぜこっちは砂糖の量が多いのに、こっちは少ないのだろう？」という単純な疑問だけれど、実際に卵白を泡立ててみると、砂糖の多いほうは泡が立ちにくいのに、少ないほうは立ちやすいと分かった。「じゃあ、これが焼き上がったときには、それぞれどんな食感になるのだろうか？」というのが次の疑問として湧いてくる。そして、食べ比べてみて「なるほど！」と理解する。この「なるほど！」がオリジナルのレシピのきっかけになっていった。ふわふわの極みのような「小山ロール」の原点は、そこにある。**疑問の先にしかオリジナリティは存在しないのだ。**

そのことで思い出すことがある。ケーキをつくり始めた当初、きれいに泡立つことが美しい仕事で、おいしさも当然美しさと結びついていると考えていたから、砂糖の少ないメレンゲをバサバサと泡立てる人のことが理解できなかった。「なんでや?」と思っていたけれど、それが必要なお菓子もあるのだと知ったとき、お菓子職人として砂糖の意味を知った。甘さの加減のためだけにあるのではなく、気泡を含んだ焼き上がりの食感のためでもあったのだ。このときは、お菓子の奥深さに一つ触れた気がして、うれしくなった。

僕らは料理人であり、実験者でもある。レシピは実験の失敗のうえに生まれるものだから、ものづくりには失敗のほうが役に立つ。**成功の理由は見つかりづらいから不安になるけれど、失敗は明確な原因を伴って悔しさや反省をもたらしてくれるから、ありがたい。**

＊

レシピが生まれる現場をぜひ見てもらいたい。レシピを自分で繙(ひもと)いて〝作者〟の意思や感情を読み取っていく面白さを知ってほしい。それが分かってくると失敗も減るし、科学的な視点も持つことができて、お菓子づくりの面白さが倍増する。

近い将来、小学校の算数の教科書にシフォンケーキのレシピが載って、材料の数値を問う問題が掲載される予定だと耳にした。嬉しかった。お菓子屋さんになることと計算ができることは関係ないと思っている子どもたちに、僕たちの仕事は数字だらけの毎日だということを知ってもらえるし、本当にお菓子屋さんになりたい子が算数を好きになっていくきっかけになるかもしれない。少なくとも、算数の教科書を通してお菓子屋さんが数字と格闘している仕事だと分かるだけでも貴重なテキストになる。

だからといって、いくら計算が得意でも、すべてのレシピを覚えるなんてことは不可能だ。いくつかのレシピを覚えれば、その応用でつくれるものも少なくない。そして、応用ができるようになると、新しいことを考える余力が生まれる。料理をするということは、レシピを完成させることでも覚えることでもない。むしろ、覚えたレシピを手放していくことが料理だと言ってもいいくらいだ。

これは何においても言えるはずだ。真剣にまじめに取り組むことは必要だけれど、それだけではその先へ進めない。「ああ、なるほどねえ。同じことだな」と軽く言えるくらいの余裕も意図的に持つようにしたほうがいい。

「以前やったのと同じことだ」と気がついていくと、いろいろなことを関連づけて考えられる。要は、過去の経験の中から目の前の経験と同じものを取り出すことができるかどうか。それは自分の過去を肯定することにもつながる。目の前の人に自分の過去から取り出して語ることができたとき、同じ疑問を抱えている人との共感も生まれる。過去の経験を与えてくれた人への感謝も芽生える。「子どもの頃の経験は大人になっても役に立つんですよ」というメッセージを送ることもできる。

だから、思うのだ。**新しいことを恐れる必要はない、と。新しいことのように見えて、実は以前の経験の〝応用問題〟でしかないことが人生には多々ある。**そんな時間を僕たちは生きているのではないだろうか。**レシピを恐れたり、レシピに縛られる必要もない。**

実は、バニラビーンズの話には後日談がある。

僕はフランスのパティシエたちの切り替えの身軽さはクオリティの追求に反するものと思っていたが、彼らの判断には別の意味があった。価格の高騰によって特定の業者だけが利益を上げている状況を抑えるために、一時期だけマダガスカル産のバニラビーンズを使わないという主体的な選択をしていたのだ。みんなのための愛のある正義だったのだと分かったとき、彼らのほうが僕たちよりもマダガスカル産のバニラビーンズに近いところにいるのだと知らされ、「自分は、まだまだだな」と反省した。

21

「自分なりに」がつくる壁

よく耳にする言い方の一つに、「自分なりにがんばってやりました」がある。この言葉に僕は違和感を覚える。

「自分なりに」という枠を超えなければ求められている以上のレベルには届かないし、成長にもつながらない。「自分なりに」という言い方で自分の限界をつくっているのはもったいない。

「自分なりに」の危うさは、ちょっとした情報伝達にも忍び込む。

つい最近も、こんなことがあった。

あるお肉屋さんから豚バラ肉のサンプルを四キロいただいた。味はおいしかったけれど、今、エスコヤマで使用しているベーコン用の豚肉とは脂(あぶら)のつき方が違っているので、スモークベーコンとして使ってみようと考えた。そこで、試作をしてみることにした。試作用に最低限のサイズでカットし、残りを保存するように指示をした。

ところが、スモークベーコンをつくっている担当者のところへ渡った四キロが、すべてベーコンになってしまった。「肉を渡してくれたスタッフからは全部スモークするように言われた」と担当者は弁解したが、その別のスタッフは『全部やって』とは言っておらず、自分には分からないことが多いから、不明なことは小山シェフに確認を取ってくださいと伝えていた」という。

試作品を食べてみると、今までのベーコンのほうがいいと思えた。ただ、四キロものスモークベーコンが出来上がっている。思案して、パンに使ってみることにした。

ベーコンがスモークの担当者からパンの担当者に渡った。その際、「これでパンを試作してほしい」ということだけが伝えられていた。この場面、普通に考えると、四キロのベーコンがすべてパンに使われていきそうなのだが、実際にはそうならなかった。なぜか？

パンの担当者は、「もともとは小山シェフから発信された指示であるはずだ。シェフが四キロの肉を一気にベーコンにしてしまうだろうか？　四キロも使って試作をするだろうか？」と疑問を持ったのだ。そもそもの話を確認しなければと考えて、すぐにはパンをつくらなかった。

こうした「言った、言わない」のコミュニケーションの問題や、一瞬の機転がミスを最小限でくい止める事例は、どこにでもある。

大事なことは、その人自身の会話能力や案件の発信者の考え方などを想像して、「情報を吟味して伝えてくれているだろうか？」「あの人がそんな指示を出すだろうか？」と疑問を持つことだ。そして、疑問が解消されるまで確認すること。**「人は勘違いの中で生きている」ということを深く刻み込んでおけばミスを防ぐ確率もぐんと高まる。**

実は、スモークの担当者はパンの担当者にベーコンを渡すとき、「○○さんからは全部スモークしてほしいと言われたんだけどな」という、ますます混乱させる不要なひと言も口にしていた。それでも、パンの担当者は情報を鵜呑みにせず、もう一度自分で全体像をとらえ直そうとしたことで、「このまま進んではいけない」というアラートが点滅したのだ。

＊

こうしたトラブルを回避するには、「人は勘違いの中で生きている」という前提を頭にインプットしておく必要がある。僕が「心配性であれ」と言うのも、人は勘違いをする生き物なのだから、正しく伝わっているか、間違いなく理解できているか、本当に共有されているか、といったことを気にしようよ、という意味。おいしさ、仕事のしやすさ、自分のクオリティ、そういったことの分岐点が、その瞬間にあると言ってもいいくらいだ。

人は例外なく勘違いの中で生きているからこそ、「永遠の自問」を課しながら「自分なりに」を遠ざけていくしかない。何か聞き漏らしはないだろうか？　これは確認しただろうか？　お客様の要望はこういうことだったのだろうか？　と自らに問い続けるしかない。砂糖は砂糖としてそこにあるだけで、そこにある砂糖をどうするのか、この砂糖に対して自分は何をしなければならないのか、と問いかけたり働きかけるのは自分の役割だ。

そう考えると、人が勘違いをすることも決してネガティブな意味しかないわけではない。勘違いを防ぐ工夫は、自分のクオリティを高めていくことにもつながるポジティブな取り組み方でもある。**勘違いをなくそうとする努力が、聞く、伝える、学ぶ、汲み取る、理解する、察する、イメージする、という能力を養っていく。**

例えば、レシピ通りにつくってみたけれど、今一つおいしくなかった。そのことをネガティブにとらえずに、「レシピが伝えることを自分は正しく解釈できていたのだろうか？　レシピは材料と数量が書かれた完全マニュアルだという思い込みが邪魔をしていなかっただろうか？」と振り返ってみるのだ。「このレシピで完成するお菓子はお客様にどんな感動を提供しようとしているのだろうか？」「だったら、ここが大事なポイントになるな」「ここは時間をかけてはいけないいな」という推測がレシピに対して「聞く」ということであり、レシピを前にして自問するということだ。そうして自分からレシピに対して近づいていかなくてはいけない。

*

「自分なりに」が使われるのは、言い訳の場面が多い。「自分なりに」の中に閉じこもって、自分の痛いところへ侵入されることを防ぐバリアのような言葉として「自分なりには、ちゃんとやりました」と使われたりする。

でも、考えてほしい。**自分で選んだ仕事にバリアが必要だろうか？　バリアなどないほうが成長できると誰だって分かっているはずだ。感性や受信する力を妨げているのが「自分なりに」なのだ。**

「エスコヤマ」の商品は、コンマ何グラムの材料の違いが味を左右するものばかりだ。「エスコヤマ」の建物は、さまざまなプロフェッショナルが参加して、僕にはできないことをやってもらったからこのような装いを見せている。「エスコヤマ」のパッケージやカタログのデザインは、試行錯誤の末に完成したものだ。そうしたことのすべてのプロセスを想像してみる。そこに関わった人たちの情熱や心情や願いを想像してみる。すると、それだけで自分の感性は間違いなく高められる。ならば、そんなイマジネーションをやらない手はない。それも「エスコヤマ」で働くことの楽しさの一つになっていく。

あのお店で食事をしたい、あの人の作品展に行きたい、あの宿に泊まってみたい……そういう気持ちが湧き起こるのは、自分もそのクオリティを味わったり感じたりしたいからだ。そういうレベルのところへ自分が入り込んでいったならば、何でも吸収したい、全部味わい尽くしたい、知らなかったことを知りたい、と思うはずだ。決して「自分なりに」味わって満足して帰る人はいない。

それまで自分にはできなかった、自分の習慣にはなかった、自分の発想にはあり得なかった、それを変えていける環境を与えられているならば、ちょっとずつの背伸びができる絶好の機会だととらえるほうが、いろんなトライができる。そして、例えば一年後に振り返ってみると、自分がどこまで上ってきたのかがはっきりと見えるに違いない。あの頃の自分には難しかったことや習慣化されていなかったことが平気でできていることに気づくのは、新しい喜びの獲得でもある。そのとき、少しだけ自分を褒(ほ)めてあげることができる。

だから、僕は「エスコヤマ」という店は、スタッフにとっても、僕にとっても、ちょっと背伸びできる場所でありたいと思って、いろんなものを用意していく。あえて、「自分なりに」が通用しない環境をつくっていくのだ。すると、「エスコヤマ」のすべてが自分を限りなく成長させるものとなる。**お客様の言葉も、イチゴが教えてくれることも、天気や温度や湿度が知らせてくれることも、すべてが自分のためにあるのだ。**自分の成長の足を引っ張る「自分なりに」は自分の敵だと考えたほうがいい。

僕は、僕の最大の敵を知っている。それは、「飽きる自分」だ。僕は、子どもの頃から、いろんなことに飽きっぽかった。でも、一方には飽きないこともあった。好きなことなら続けられる。だったら「お菓子をつくる」のではなく、「お菓子づくりに好きなことを取り入れていこう」という発想にたどり着いた。ケーキをつくることも、新作を考えることも、その見せ方を工夫することも、スタッフが成長していってくれることも好きだから、どんどんトライしてきた。それもこれも飽きない自分でいられるように自ら仕向けてきたことだ。それが今の店をかたちづくってきたと言ってもいい。いろんなことを複合的にやっていくお菓子屋だから続けていられる。

好きなことに、「自分なりに」は馴染(なじ)まない。

22

そこが興味へのトビラだ！

マジパン（Marzipan：ドイツ語）は、僕の得意な製菓技術の一つだ。和菓子の「練り切り」と同じで、球体を基本形として、そのなめらかな球面を最後まで維持しながら細工を施して（ほどこ）いくという意味で、日本人の手わざが活かされるお菓子だと思っている。

このマジパンづくりを幼稚園の子どもたちに一〇年以上教えてきた。子どもたちは本当に楽しそうにつくる。それをメディアも取材してくれるのだが、なぜか共通して「パティシエの小山進さんが未来のパティシエたちにマジパン細工の技術を教える」と表現されてしまう。僕自身がそんなふうに言ったことは一度もないのに、正しく伝わっていないのが残念で仕方がない。

子どもたちには、マジパンは食べられる粘土細工だと考えてもらって、まず僕自身が豚さんをつくってみせる。それを真似て（まね）子どもたちも自分でつくり始める。感度のいい子は、「この豚さんのお友達もつくってあげよう」と言い出す。他の動物がどんどん出来上がっていく。そこにお母さんたちが目を向け、耳を傾けていけば、僕の目的は半分達成されたようなものだ。

だが、そんなふうに進めていける子は、実は少ない。僕は子どもたちの目の前で立体の豚さんをつくるのだが、それを見た子どもたちの多くは、なぜか平面の豚さんをつくるのだ。

なぜ、そうなるのだろう？

子どもたちは普段から絵を描くし、テレビも観るが、それは三次元のものが二次元として加工されていることを知らない。三次元を三次元でとらえ、表わすことに慣れていない。だから立体物も平面として扱われてしまうのだ。

僕は子どもの頃、新聞の折り込み広告の裏にお絵かきをしていた。それではすぐにはみ出してしまうので、おかんが模造紙を買ってくれた。でも、模造紙でもスペースが足りないほど、僕の絵はどんどん広がって、遂には模造紙から床へ、そして床から壁へとクレヨンやペンが走り始める。

壁まで来たときのエキサイティングな感覚は格別だった。なぜなら、平面で描き始めた絵が、いつの間にか縦になるからだ。特に木や山は立体でこそ生き生きとしてくる。

「おもしろー!!」

なんだか新発見をしたような気分になった。

僕が壁に描いても、おかんは「後で消すんやで」と言うだけで止めようとはしなかったから、僕は気持ち良さを存分に味わうことができた。そして、このときの「フレームからはみ出した空間」に出逢えた経験が、「型にはまらなくていい」「自分のイマジネーションを大事にしていい」という原体験になった。三次元への興味の入り口をふさがれなかったことに今となっては感謝するしかない。

だから、子どもたちにも、はみ出す楽しさや平面と立体の感覚の違いを味わってもらいたい。家庭でも、学校でも、はみ出す前に止められてしまう時代だからこそ、「どうぞ楽しんで」と言いたいのだ。靴を左右反対に履いたときの、心地悪いけれど何か面白いという感覚が未然に奪われてしまうのは、もったいない。雨に濡れてシャツの中や靴の中にまで水が染み込んでくる、何とも言えない嫌な感じと共に襲ってくる新鮮な開放感も味わってもらいたい。

*

そんなことを思いながらマジパンづくりの教室をやっているから、大人にも積極的に参加してもらうようにしている。**「はみ出し」も「立体感覚」も、子どもにとっては必要な体験なのだと大人に気がついてほしい。**

マジパンづくりには、まず、デフォルメする能力が必要だ。豚さんのどの部分を強調しなければいけないかを考える必要がある。鼻の形、しっぽの曲がり具合、どっしりとした体、という豚さん「らしさ」を見つけ出す過程で、**それまでぼんやりと見ていた目が「ポイントをとらえる目」に変わっていく。**三次元の実物を見て「へえー、こんな鼻だったんだ！」と驚きながら発見していくうちに、観察する面白さを知っていく。

デフォルメしてとらえたものを単純化して表わす工夫が次の段階で必要になる。**相手に分かりやすく伝える、という能力のことだ。**これができたら、マジパン細工はほぼできるようになったも同然だ。

そう考えると、動物園で動いている動物を目にしたときの「スゲー！」という驚きがマジパンづくりの原点だと言っていい。「ライオンって、かっこいいなあ！」「うさぎさん、かわいい！」という感動が、「なぜ、かっこいいのか?」「なぜ、かわいいのか?」という疑問力を経て、「たてがみだ！」「目だ！」という観察力へつながっていく。

子どものときにこういう感覚を味わったり、強調して表現する型にはまらない自由さを経

験していると、それは大人になってからも宝物になる。少なくとも、僕はそうだ。いまの僕は、模造紙をはみ出して絵を描いていた僕でできている。僕のお菓子はあの瞬間に生まれていると言っても過言ではない。だから、「未来のパティシエたちにマジパン細工の技術を教えている」わけではないのだ。

そんな気持ちで子どもたちの興味のトビラを開くような本があればと思って、実際にいろんなマジパンをつくっているところを撮影し、解説を加えて、『エモーショナルなマジパン』（柴田書店）という本を出版した。大人たちが〝立体の発想〟を〝平面の技術〟に狭(せば)めてしまっていることを変えたい僕の願いが詰まっている。

僕が自分の役割であるお菓子づくりで子どもたちの感性と向き合うように、多くの大人たちもそれぞれの領域でそれはできるはずだ。「未来製作所」をつくったとき、お客様にも「なんでお菓子屋さんがこんなのをつくるのだろうか？」と考えてもらいたかった。特に、子どもを持つ親御さんに「なるほど、子どもたちが自分で発見して大人に語りたくなる場所なんだな」と分かっていただいて、「じゃあ、自分も何ができるか考えてみよう」「私も」「私も」と、発想と行動の変化が連鎖していくことを設計段階から考えていた。

子どもたちにどんな未来を用意してあげられるか、それが大人の役割だと思う。

23

「君の目」が想像力を養う

何かにつけてディレクションしたがる癖が僕にはある。自著の出版にしても、出演するテレビ番組にしても、招かれた講演にしても、「こうしたらもっと面白くなるよ」とついつい言ってしまう。決して自分がリードしようというのではなく、「一緒に」が好きなのだ。

一九歳から神戸の「スイス菓子ハイジ」で働き始めた。その当初から先輩にお願いをした。何の目的でこれをやっているのか、自分のやったことは何につながっていくのか、教えてほしいと。「それを知ってから仕事をしていきたい。壁に向かって仕事をするのは嫌です」という言い方で訴えた。

何を受けて、どこへ渡していく仕事なのかが分からないと、自分が全体の中で何をやっているのかが見えない。 それでは他の人たちとタイミングを合わせることもできないし、防げたはずのミスを引き起こしたり、もっといい方法があったのに見逃してしまうことにもなる。

働くということは、誰かの役に立つことなのだから、役に立っている喜びを味わうためにも、「一緒に」の仕事の仕方でなければならない。つまり、**他者に役立つ仕事の原点には、他者のことを気にかけていることが不可欠なのだ。**他者とは、お客様であり、同僚であり、世の中全体でもある。この他者目線こそが人と付き合うことや自分の成長に深いかかわりを持っている。

言われたことだけやっていると、自分のやり方が当たり前になってしまうし、他者とのつながりの感覚もなければ、達成感も生まれない。うまくいかなければ叱られるだけ、うまくいってもその喜びがない。「一所懸命にやってるのに……」と不満ばかり出てきてしまう。

みんなが俯瞰して見られるチームになって、自分が気づいたことを伝えたり、他の人が気がついたアイデアに「それ、ええなあ！」と賛同したり、「こうしよう！」という前向きな合意を得ていく仕事は間違いなく楽しいし、自分のやっていることが全体の役に立っているんだと感じられる仕事になっていく。

仕事でも趣味でも、やりがいを実感していく決め手は、他者目線の獲得だ。上司や先輩は、「モチベーション」とか「達成感」を説く前に、他者への心配りの仕方をその場で具体的に実践として教えていくほうがいい。僕がそういう場面を見かけたら、「すごいなあ！ちゃんと伝えられたなあ！」と褒める。僕は褒める機会をいつも狙っている。

＊

「ハイジ」に入社した一年目、洗い物ばかり与えられて同期の連中がくさり始めていたとき、僕は心の中で「世界洗い物選手権大会」を開催した。仮想の世界大会の日本代表となって、出場選手の中でいちばんきれいに素早く洗うという遊び心を持って洗っていると楽しくやることができた。

僕だって、おかんにあれだけ反対されたのに、それを押し切ってケーキ屋になったのだから、どんどんケーキをつくれるようになって、早く一人前になりたいと思っていた。皿洗いばっかりや！　着ぐるみ着てお客さんを呼び込んでるんや！　みんなウサギさんばっかり被りよるから俺だけ仕方なく猿を被って子どもに蹴られてるんや！　そんなことを親に言いたくはなかった。

だけど、着ぐるみが会社には必要なことなのだ。着ぐるみを被って子どもたちの関心を惹くと、実際にケーキが売れるのだ。だったらどうやって面白い猿になれるかを考えていくほうが建設的だ。**自分からだけ見ていては嫌なことも、会社側の視点を持つだけでちょっと楽になって積極的になれる。**

ここが自分中心の平面的視点から全体を見ようとする立体的視点への転換点だ。それを自分で変えていく実践の場面が、いろんなところに用意されている。先輩たちのようにケーキをつくれと言われても無理だと分かっているんだったら、今誰かがやらなければいけないことの中で自分にできることをやるほうが賢明だし、それはどういう意味でやっているのか、誰の役に立つことなのかを考えていくほうが面白いはずだ。その部分は自分の想像力と工夫の領域だ。

同期の連中が言っている「ケーキをつくりたいんや！」が、ケーキ屋の仕事全体から見れば、ほんの一部に過ぎないのだと分かってくると、いかに上手につくれても買ってもらえなかったら意味がないと分かってくる。**買っていただくために着ぐるみが大きな効果を持っていると知ったとき、視野の狭さとは、そういう自分中心の発想がもたらすのだと気がついた。**

会社だって、上手にケーキがつくれる人に、販促のための着ぐるみを与えたりはしない。ということは、着ぐるみの汗だくの辛さから逃れたかったら、実力でケーキをつくれるようになって、会社に認めてもらうしかないのだ。

クッキーを並べることがある程度上手だったら、ずっとその仕事を与えられる。もし、誰も思いつかない素晴らしい並べ方ができれば、「こいつ、すごいぞ！　クッキーだけじゃ、もったいない。他の仕事もやらせてみよう」となる。そこの違いは、普通か一流かの差だ。**自分だけの視点しかない思考と、いろんな角度からものごとを考える思考との違いは、生き方に関係しているのかもしれない。**

*

ずっと「エスコヤマ」の商品写真を撮ってくれていたカメラマンが、それまでの所属事務所から独立することになったとき、彼の新しい会社の名前を僕がプレゼントした。「キミノメ」。

その頃の彼は、いい写真を撮るけれど、まだ自分の目だけで撮ろうとする。だから彼には「君の目」が必要だと思った。「写真を見るあなたの目になって撮ります」「メッセージを発信するクライアントの目になって撮ります」と、他者へのイメージを持つことで「一緒に」の大切さに気づいてほしいと思ったのだ。**クライアント自身も気がついていないことを提供**

できてこそ本当のプロなのだから。

自分の好きなお菓子をつくるのは「自分の目」でしかないと僕は思っている。最初はそうであっても、徐々に「君の目」、つまりお客様の目になってつくる感覚を磨いていく。その過程で「みんなで」の中に参加していくのだ。

そのためには、チームの中でお互いに気づき合っていく関係を構築する必要がある。だから、みんなに知ってほしいとき、僕は一人に対して伝えながら、大きな声で全体に聞こえるように言う。

間違ってはいけないのは、「誰かの役に立つ仕事」という意味を、例えば、指示をした僕の役に立つことだと考えること。それは違う。最終的には誰のためにやっているのか？と考えれば、指示をした人がイメージしている「誰か」と同じ対象が見えてくるはずだ。

ちょっとだけ先回りして想像力を働かせてみることが受け身になりがちな自分を回避するコツ。その想像力を養っていくのが「君の目」なのだ。

24

「すごい！」と思えることがすごいのだ

マジパンづくりの教室で、僕が子どもたちの目の前で動物やキャラクターをつくっていくと、「すげー！」「すげー！」という声があちこちから上がる。目は僕の手元に釘付けになっている。その様子を後ろで見ているお母さんたちは、「子どもが『すごい！』と言っているのを久しぶりに聞きました」とおっしゃる。

世の中、「すごい！」と思えることがどんどん減っているのかもしれない。かつては「すごい！」と驚いていたことが便利な道具によって簡単に実現できたり、目の前の出来事ではなくインターネットを通した情報としてインプットされてしまうわけだから、その分、今の子どもたちは「すごい！」に触れる機会を奪われているとも言える。

でも、そういう時代であっても、親や先生や先輩は、「すごい！」と言わせる存在でなければならないと思っている。何でもいい。「うちの親はすごい！」「あの先生、すごいな！」「先輩、やっぱすごいよ！」と本当に思われるようにならないと、子どもや生徒や後輩はおかしなことを始めてしまう。

実際に僕はそういう場面を目にしてきた。後輩が天狗になって何でもできると勘違いしたり、自分の立場を無視して振る舞ったり、と虚像の自分をつくり上げ、それを誇示するようになる。チームの中がぎくしゃくしてしまう原因は、そういう虚像が紛れ込むことにある。

分かりやすく言えば、トラブルの多くは、がんばっていないところから起こる。だから、「すごい！」と言われるくらいがんばらないといけないし、すごいことをやっている人を見たら「すごい！」と言うべきだし、「じゃあ自分は？」と顧みてがんばって磨き続けないといけない。**がんばっていることを普通にやるのが「働く」ということであり、「生きる」ということも実はそういう姿をしているのではないだろうか。**

＊

僕は、小さい頃から粘土細工が得意だったけれど、子どもたちや親御さんの評価を求めてその延長上にあるマジパンづくりをやっているわけではない。圧倒的な「すごい！」の実感を一度自分の中に取り入れてほしいだけだ。それが自分の人生を大きく変えるきっかけになる可能性があるからだ。「すごい！」をいっぱい知った子どもたちは、きっとこう思う。**「自**

分もすごい人になろう！」。

　このスイッチが大事なのだ。自分で見つけたスイッチだから、決して手放さないし、チャレンジしていける。だから親御さんには「すごい！　と思えるものや人に普段から触れさせてあげてください」とお願いする。

　そして、もう一つ、「今から自分のサインの練習をさせてあげてください」とも伝える。親御さんは笑うけれど、僕はいたって真剣だ。いつか多くの人からサインを求められる人になろう、とその瞬間からイメージしていくのだから。「サインなんか必要ですか？」と言う大人もいるけれど、そういう人にこそ知ってもらいたい。子どもが〝未来の自分〟と出会う瞬間が、そこなのだということを。

　何を隠そう、僕自身がそうだった。小学生からサインを書き始め、中学生のときには本格的な自分のサインが完成していた。ただ、野球のボールは美しいサインを書くのには不向きだと分かった小学校高学年の時点で、プロ野球選手になることを諦めた。「サインで!?」と突っ込まれそうだが、サインも書けないすごい人などいないと思っていたから、僕の中ではごく自然な方向転換だった。

　ただ、お菓子屋になってこれほどサインをすることになるとは思っていなかった。今書いているサインは、中学時代からのものだ。

＊

子どもが感じている「すごい！」は、決して技術のことだけではない。僕がマジパンで犬をつくってみせると、「犬の友達もつくろう」と他の動物もつくり始めるのは、子どもの頭の中に〝物語〟が動き始めているからだ。自分の頭の中に物語が生まれ、登場人物が動き始めることをイメージして「すごい！」と思うことだってあるはずだ。「家ではゲームばっかりやっていて」と親御さんは嘆いているが、マジパン教室でゲームする子はいない。一心不乱にマジパンに向かい合っている。それほど何かを感じているということだ。

マジパンづくりに興味を持った子どものために粘土を与えようとおっしゃる親御さんもおられるが、「粘土ではそこそこにしか上手くなりませんよ」と僕は言う。子どもの工作用に用いられる一般的な粘土は、単色だったり、最初から着色してあったり、色彩に関する独創性が発揮できない。その点、マジパンは自分で着色することによってイマジネーションの領域がどんどん広がっていく。それを親が手伝ってあげれば、自分の想像以上の上手な仕上がり感を味わえるだろう。

色に関して、びっくりしたことがある。僕がマジパンにつけている色を見ただけで「あ、ライオンだ！」と言った子がいたのだ。すごい観察眼を持った子だと気になった。でも、周りで見ている親御さんの中からそんな反応は聞かれなかった。だから、「へー、君はすごいなあ！」と言ってみた。そう言っても大人たちはキョトンとしている。だから、「色を見ただけで『ライオンだ！』と分かるって、すごくないですか？」と問いかけた。

そして、その子に尋ねた。「なぜ色を見ただけで分かったん？」。すると、こう言った。「マジパン教室の宣伝の張り紙を見てたから」。

確かに、張り紙にはライオンなどいくつかの動物が描かれている。この子は、その張り紙を教室が始まる前に食い入るように見ていたらしい。大人との違いは、そこだ。大人は張り紙を情報として見ている。子どもは、まったく違う視点で見ている。

しばらくして僕が別の動物をつくり始めると、子どもたちの間から「サルだ！」「サルだ！」という声が上がった。しかし、その「ライオンだ！」と言った子だけが「ん、サルか？」と首をかしげて、僕の手の動きをじーっと見ながら「ああ、リスだ！」と言った。そう、僕はリスをつくっていた。

何だろう？　何だろう？　という疑問がその子の頭の中にはずっとあったのだ。考える習慣のある子だったから、ちょっとしたことで気がつくことができたのだ。

僕はその子の親に言った。「はじめは少し手伝ってあげて、色から用意をしてあげてほしい。本人がつくりたくなったら、どんどんつくらせてあげてほしい」と。色が必要だと分かってから用意をすると創作意欲が減退するし、いくつかの色をあらかじめ見ていれば、つくりたいものも湧き出てくる。それがスイッチを押してあげることになる。

「だからと言って、立体アートの作家になることはないかもしれない。だけど、そのときにどこまで自分のクオリティを追求したかが大事なことです」とも伝えた。自分がやるなら、ここまでやらないと気が済まない、という自分のハードルをつくることになるからだ。そのハードルのレベルは、スポーツ選手になっても、職人になっても、サラリーマンになっても、更新し続けることができる。

そうすると、いつか「お前、すごいなあ！」と他人が認めてくれるステージに立つことができる。褒められることはちょっと照れくさいことではあるけれど、褒められるまで努力することが苦にならない人になっていける。

「すごい！」と思えることがすごいのだ。「すごい！」と思った自分が、「すごい！」と思われる自分に変わっていくのだ。圧倒的にすごい大人になっていったら、口先だけの人ではな

くなるし、言うことに誰もが耳を傾けてくれる。そういう人がいてくれると、圧倒的なクオリティの高さを教えられ、「よし、自分も！」と目標ができる。そんな好循環を生み出すためにも、先輩や親や先生は圧倒的にすごい人にならなくてはいけないのだ。

25

人一倍の試行錯誤が役に立つ

ある食品メーカーから「新規お客様の獲得」について相談を受けて、数名で出向いた。看板商品を試食させてもらった。一緒に行った他のメンバーは「おいしい！」と食べていたが、僕は率直に「マズッ！」と言った。経営トップの顔が固まり、社員たちも硬直した。

「こんなもんでいいんですか？」と僕は言った。リアクションはない。

「この商品のキャッチフレーズは何ですか？」と聞くと、「おいしさを手軽に」だと言う。

「そこが、今の時代ではないと思います」とはっきり伝えた。

「おいしさを手軽に」を求めている消費者は買ってくださる。それは今まではよかった。そしてこれからも大切にすればいい。でも、僕には、そのキャッチフレーズのままの味にしか感じられなかった。さらにその上を求めるお客様を獲得していくには、プロや食通が食べても「これ、おいしいなあ！」と言わせるものでなければいけない。そうしながら看板商品で新しいターゲットを獲得していくのだ。

なによりも、そのキャッチフレーズでは、商品をつくる人も、買う人も、慣れきってしまう。**他社の類似の商品との差別化や、人に教えたくなる感動が生まれづらいキャッチフレーズやコンセプトは、オリジナリティを表現できていない。**

「この袋に書いてあるつくり方以外の方法は試されましたか？　麺を茹（ゆ）でた後に一度水で締めると食感が変わると思うんですが、そういうつくり方の実験はなさっていないのですか？」と質問すると、まだしたことがないという。

「今食べたものは何分くらい前につくられたものですか？」と尋ねると、「一〇分くらい前です」と調理担当者。それではおいしいはずがない。「僕がキッチンまで行きますから、出来上がりを食べさせてください」とお願いした。そして、それを試食するとおいしかった。他のメンバーも「なるほど、こっちのほうがおいしい」と言っている。

それだけのことで、つくってからの「時間」がこの商品の味を左右するということが見えてきた。そのことも表記して消費者に知ってもらう価値があるのではないか。プロ目線も併せ持ちながら商品を考える僕が満足しなかったという事実が、調理法そのものにも改善の余地があることを明らかにした。

でも、僕は一方で、この商品は売れているだろうな、とも思った。聞くと、確かに売れているという。売れているのに改善の余地がある？　と多くの人は不思議に思うかもしれないが、こういうケースはよくある。ひと言で言えば「売れてる病」。売れているために、改善どころか自分たちの商品に疑問を持つことがなくなっていく。これが怖いのだ。

売れる前、売れることを夢見て必死に努力しているときは、行動にも躍動感がある。マジパンで初めてライオンをつくってみたときと同じかもしれない。上手下手ではない力強さがその第一作にはある。ましてや売れてほしかったものが実際に売れ続けていったら、きっと人は「失敗してはいけない」と臆病さを身につけてしまうだろう。そして、「今のままを維持しよう」と現状を肯定し始める。

だから、**成功していることを見直すのは勇気のいることだ。**その点、この会社は売れている商品を「このままでいいのだろうか？」と考えたのだから、きっと感度のいい社長さんなのだろうと思った。

商品そのものを大きく変える必要がないときは、キャッチフレーズを変えるだけで、そこにとらわれていた自分たちの意識を変えることができる。そして、商品の新たな楽しみ方を消費者に届ける発想が開かれていく。そのうえで、さまざまなユニーク料理のレシピ本をつくったり、この商品を使った主婦の料理コンテストを開催したり、といったPRも考えられるようになる。

＊

このような打ち合わせの現場で、僕と一緒にやっているメンバーは肝(きも)を冷やすことが多い。さっきの「マズッ！」のように、言いたいことを僕は言ってしまうからだ。

別の企業から商品開発のことで相談を受けたときもそうだ。打ち合わせ当日、僕は開口一番「え!?　商品は持ってこられていないんですか？」と言った。社長と営業本部長の二人は「ハッ！」として、「持ってきていません」と小さくなった。すかさず、「やる気、ありますか？」と畳み掛ける。他のメンバーは、「また始まった」とニヤニヤしたり、「あまり言い過ぎるなよ」と目線を向けてくる。

「商品のラインナップと業績アップの相談だとうかがっていますが、肝心の商品がなぜここにないんですか？」と尋ねると、「持ってくるようには言われていなかったので……。いつもバイヤーさんに営業に行くときは持っているんですが、今日は……」と言い訳が始まる。

役に立ちたい意識の強い僕としては、突っ込みどころ満載の会社だな、と腹の中ではやりがいを感じながらも、そこの意識を変えてもらうにはもっと強く言わないといけないと考えた。

「取りに帰られるか、誰かに持ってきてもらったほうが良くないですか？」

そこまで言うと、二代目の若社長は会社に電話をかけた。僕としては、その電話の様子も見たかったのだ。

ところが、電話が終わると、すかさず僕らのコンサルティングチームのメンバーの一人が横から口を出してきた。もう、僕が次に何を言わんとしているかを察して、代弁しようと考えたようだ。

「小山は、そんな電話のかけ方はしませんよ。社長は会社の人に気を遣って頼んでおられるような言い方で、実はすごく偉そうな雰囲気が言葉の端々から感じられます。小山なら、『ほんまゴメンなー！ あのな、今打ち合わせ中なんやけど、あれを忘れてきて、相手の方にお見せできなくて商品のパッケージとか詰めの話ができないねん。悪いけど持ってきてくれへんか？』と言うはずです。そうすると、電話に出たスタッフに何が必要かを理解させ、だったらこういう状態で持っていったほうが相手の方にも分かってもらえるはずだとイメージを持たせられるし、それで打ち合わせがうまく進んだならば届けた本人の達成感にもつながるでしょう？」と言った。僕は、「そうそう、その通り。以心伝心で分かってくれる人がいるのは助かるなあ」と思いながら隣で聞いていた。

自分の仕事をストップしてわざわざ届けなければならないのは、誰だって気が乗らないことだろう。でも、届ける理由や現場の状況が分かって届けに行くことと、何も分からずに機械的に届けるだけとでは、学ぶものや蓄積されるものが違ってくる。届ける人にも何かが得られるようにするのが、企業のトップの考えるべきことだと僕は思っている。

このわずか数分間の出来事から、会社の中のコミュニケーションのあり方を改善しないかぎり、商品をいくら良くしてもいい会社にはならないと思い至った。

そこで、会社のツー・トップである社長と営業本部長の社内でのリアルな姿を知りたいと考えて、若手の社員に「お二人の『情熱大陸』を撮ってもらいたい」と依頼した。数日間、二人を密着取材して、そこに映る本人や社員の表情と言動を詳細に見てみたかった。なるべく本人たちに分からないように、演技なしの実像を撮ってもらうよう念押しした。

*

正直に言えば、僕にだって答えは分かっていない。答えを分かっているから相談を引き受けられるわけではなく、絶対的に足りない部分が見えるから、それに気づいてもらうための仕掛けはできると思って引き受けるのだ。

答えが分からずに試行錯誤を続けているのは僕も同じ。ただ、その試行錯誤をお菓子屋として絶えずやってきて、その中から見えてきた大事なことを伝えたいのだ。そして、「小山さんの言うてた大事なことって、ほんまにそうやった！」と共感してもらえたら、自分が役に立った嬉しさを味わえる。

答えを与える人には永遠になれないけれど、**人一倍の試行錯誤の経験が誰かの役に立てられるはずだと思って人と出会っている。**「生きる」ということ自体、そんな手探りの連続なのかもしれないと思いながら。

26

伝えたいようにつくる

働き始めて気がついたのは、自分は「伝えることが好きな人間なのだ」ということ。そんな自分を分かったとき、ちょっと驚いた。

自分の好きなことを俯瞰的にとらえると、すべて「伝える」ということに集約されると分かった。子どもの頃から面白いと思ったものを人に話したり見せたりするのが好きだった。バンドを組んで演奏するのも好きだった。お菓子職人になってからは、マジパンで動物やキャラクターをつくって、そこに物語を重ね合わせて表現していくのが得意になった。

すべて「伝えること」だと気がついたとき、「だったら、伝えるお菓子屋ならばとことんやり続けられるはずだ」と思った。だから、僕は**「好きなことを大事にしてほしい」「自分を知ることが大切だ」**と語るようになった。そういう考えに至った経緯も伝えればリアルにイメージしやすいはずだとも考えた。

でも、逆のほうから考え直してみると、子どもの僕の話を聞いてくれた近所のおじさんやおばさんがいてくれたということであり、僕の表現に注目してくれる人がいてくれたおかげで好きになることができたのだとも言える。誰かの存在によって僕のメッセージは引き出されるのだ。

僕は、「ここだ！」と思ったときにはどんな小さなことでもスタッフに伝えるし、メッセージとは分からないやり方でメッセージしていることもたくさんある。そして、「伝えること」と「ものづくり」の共通性を見出して、そこから新たなテーマが育っていくという相乗効果も感じている。**「伝えたいことのようにお菓子をつくる」**という発想は、そうして生まれてきた。

だから、すごい香りを持った果実に出逢ったり、その裏側にある物語を知ったとき、お菓子に変換して伝えたくなる。

お菓子だけではない。たとえば、エスコヤマの敷地内につくった建物も、伝えたいことのようにつくり、そして伝えたくなる。「『Rozilla（ロジラ）』は日本の伝統的な左官の技術で造ったんですよ」「レストルームの中のこの空間はお母さんのお腹の中のイメージなんです」というように。この僕の思いは、親子二代の左官職人の作品（「Rozilla」とレストルームの内装）が一つの敷地の中に誕生するという珍しいことにつながっていく。それもまた「伝統」

とか「歴史」とか「継承」といったキーワードで伝えたいメッセージになる。

自分にとって〝ビッグニュース〟になるようなものを僕は伝えていきたいし、それは自分のクオリティを常に向上させていくことにもつながるのだ。

＊

僕がこだわるのは、『伝える』よりも『伝わる』ということ。自分が伝えた気になっていても相手に伝わっていなかったら、それは伝えなかったことと同じになってしまう。このことは、多くの組織で危惧される問題でもある。「伝えました、でも伝わっていない」ということからのトラブルを誰もが経験している。

言わなくても理解してもらえるのがいちばんいいのだが、それは稀だ。僕の言わんとすることを僕が言う前に本能的にキャッチできる人は少ないから、僕はその都度同じことを言う。でも、そうやって少しずつでも、一人ずつでも分かってもらえると、分かったことを、分かった人が今度は伝える立場になっていってくれる。僕は、それを信じて、諦めずに何度も話をしている。それ以外の方法があればいいのだけれど、僕にはその方法しか見つかっていない。

「伝わってほしい」というのは僕の希望ではあるけれど、「伝わっていない」という現実のほうが圧倒的に多い。

そうすると、これなら理解できるだろうか？　まだか。じゃあ、これはどうだろう？　ちょっと理解できたようだ。それならば、この事例で話せば伝わるだろうか？　といった試行錯誤を僕は繰り返す。それは伝える側の役目だと思っている。自分を諦めないということだ。

と同時に、理解を求められているほうも、「こういうことですか？」と確認をして答え合わせをしていかなければならない。**伝える側と伝えられる側が少しずつ近づいていくやり方でなければ、圧倒的に多い「伝わらない現実」を変えることはできない。**

面倒だと思ってしまえば、それまで。見方を変えて、丁寧な伝え方を相手によって学んでいる最中だと考えられるかどうかだ。だから、先輩や上司のほうが常に与える立場になるとは言えない。後輩や部下や子どもから与えられていることもたくさんある。面倒だからとコミュニケーションを省略しがちだけれど、伝わらないことを大前提として伝える工夫を増やしていくほうがお互いの学び合いの場になっていくのは間違いない。

ただ、問題は、その先だ。僕と同じくらい丁寧に伝えようとする人がたくさんいてくれないと、全員に同じ熱量で同じ理解が浸透していかない。大事なことが端折(はしょ)られて伝わっていくと、共通意識を持つことができなくなる。これもまた一つの現実。まさに「伝言ゲーム」のようだと思う。

特に「つくる仕事」をしている人たちは、つくるほうを優先して、伝えることが後手に回ってしまう。でも、僕の経験から言うと、**失敗を防いだり、結果的に余計な時間を費やしたりしないためには、まず想像する時間が必要。そして、伝える時間を持つ。**その両方が用意されて初めてみんなの力が活かされる環境になっていく。

＊

時間にルーズな人は、時間というものが自分の時間でありながらみんなの時間でもあることに気がついていない。自分が少々遅れても「何とかなるだろう」と思うから、みんなの時間がみんなの時間として成立しなくなる。じゃあ、その人は大好きなアーティストのコンサートやデートのときも「何とかなるだろう」と考えるだろうか？　きっと、余裕を持って出かけていくはずだ。「何とかなるだろう」という甘えを持ち込まないためには、時間とは約束事だ、という認識にならなくてはいけない。

例えば、「エスコヤマ」のホームページに掲載する商品や現場の撮影が予定されているとする。広報担当から全部署に「来週の金曜日午後一時から、このようなタイムスケジュールで撮影を進めます」と情報を伝える。すると、感度のいい人は、その撮影のために今週中にやっておくべきこと、前日までに準備しておくべきこと、当日の午前中でなければ用意できないこと、をイメージして当日まで動く。

しかし、その当日の撮影のイメージを鮮明に描けていない人は、忙しさを理由に段取りが疎か（おろそ）になり、当日の時間までに用意できていない状況が発生する。全社的な撮影なのだから、自分の担当分の撮影がズレ込んでしまうと、その後に予定されている撮影に影響してくる。そのことまで含めてイメージとして持てる人になってもらいたくて、僕は他のことについて話をするときから意識する。話題としては撮影には関係のないことであっても、「イメージ力」という点で同じ課題が見えているならば、一つのテーマを多角的に見せてあげたい。そのときに、瞬時に「なるほど、そうか！」とつながる人と、同じテーマとして理解できない人がいる。でも、理解できない人のために僕はいるのだと思っている。

おいしそうなケーキの写真は、本当においしいケーキがなければ撮れない。その場面でスタッフも写真家も僕も共有しているのは「おいしそうなケーキの写真」のために自分が動くことだ。本当においしそうな写真が撮れたら、「この写真は自分の作品だ」という気持ちになれる。そこが「もっとうまくなろう」「もっと丁寧につくろう」という意欲が芽生える瞬間になることだってある。写真撮影が自分事（じぶんごと）になれば、言い訳の入り込む余地もなくなり、みんなで共有することの意味も実感できていく。

僕だって若い頃は、自分のつくったケーキが雑誌に載れば、それが小さな写真であっても親や友達に自慢げに見せていた。その嬉しさを知っているのと知らないのとでは大きな違いだ。そのために、撮影時間までに整えられていないということが全体の中でどういう意味を持つのか、その人にとってどういう意味での改善ポイントであり、伝えるタイミングなのか、それを「よし、ここだ」と判断して「チームにとっても、あなたにとっても、時間というのはね」と語りかける。

伝えたいことがある。だから、伝えることを諦めない。同じように、伝えたいことがあるから、伝えたいようにつくることも諦めない。

27 「進む」とは不都合や不評を変えていくこと

僕は、世界的なチョコレートのコンクールで受賞するたびに「ヤバい！」と思うタイプ。「これは偶然だろう。次も受賞できるようにしなくちゃいけない。でも偶然に受賞したのであれば、気づいていない問題点がどこかに潜(ひそ)んでいるかもしれない」と考える。**失敗には明確な原因があるけれど、成功したときは改善点が見つけにくいからだ。**

「その『ヤバい！』って気持ち、分かる！」と言う人がもっといてもいいのではないかと思うのだが、「ほんとにそう思ってますか？」と疑われることが多い。

その一方で、一つの発見をする。僕は「売れるだろう」「賞を取れるだろう」という前提でお菓子をつくっていないし、それを目的にもしていない。おそらく、「ほんとにそう思ってますか？」と問いかける理由は、売れることや賞を取れることが前提だからではないか。そういう仕事の仕方をする人もいるのだろうな、という発見がそこにある。

僕は、自分自身がすべてにおいて完璧でもなければ、すべてにおいて優秀でもないと分かっている。決してネガティブな意味合いとしてではなくて、**自分には伸びしろがたくさんあると考える。**だから、受賞できなかったときに自分に足りなかったものは何かを模索するし、勉強すべきポイントもそうして見つけ出していく。自分は完璧だとうぬぼれていると、自分を前進させるチャンスを失ってしまう。

表には見えていなくても現状に潜んでいる課題に気づくためには、常に「自分はまだまだだ」と心底から思っておくほうがいい。「進む」というのは、不都合に感じていることや、不評を買っていることを変えていくことなのだから。

不都合や不評を変えて進んでいくのは個人でもチームでも同じ。チームであれば、たくさんの観点を持ち寄って変えていけばいいし、それを導いていくリーダーがいればいい。**改善点一つひとつが自分たちの伸びしろだ。**

「進む」ということを、自分のやりたいことをすることだと勘違いしている人は、「これでいい」という着地点を自分の中で出してしまうので、「もっと改善できないだろうか」という視点が抜け落ちやすい。しかも、**どんなにいいものだと思っても、それが自分の視点でしかないとすれば、社会が求めているものとは一致しづらい。**

それに比べて、**「やらなくてはいけないことは何か」**の視点を持っていると、不都合や不

評やクレームに敏感になれるばかりか、成功や称賛に対しても「いや、もっとやらなければならないことが、どこかにあるはずだ」と考える。その習慣を身につけることが〝落とし穴〟に足元をすくわれない秘訣だ。

「エスコヤマ」という店も、お客様や近隣の方々をはじめ、たくさんの人にご迷惑をおかけしてちっとも理想の店になっていなかったから、自分の考えていることを正しく丁寧にお伝えしないと、嫌な気持ちばかりを振りまいてしまうと思った。だから伝えることにより一層力を入れるようになった。お菓子教室も、マジパン教室も、講演も、メディア取材も、著書も、すべてその一環なのだ。

*

仕事というのは複数の人が関わることだから、自分の好きなこととは次元が異なる。簡潔に言えば、職場は自分の部屋ではない。そして、お客様は自分の部屋のすぐ隣ではなく、職場の先にいらっしゃる。試行錯誤や手探りや想像を欠かせない〝距離〟がそこには横たわっているからこそ、僕は、やらなくてはいけないことを楽しんでやっている。

自分はお菓子をつくるためにここにいるのに……そんなふうに**自分のやりたいことのほう**

から考えているうちは、自分と異なる考えに素直に耳を傾けることができず、自分の不都合や不評を変えていくことができない。圧倒的に多い不都合なことや耳当たりの悪い話を聞き入れる勇気を持ってほしい。

あるとき、マジパンづくりに夢中の子どもたちを見守る親御さんに、子どもたちの「すごい!」を大事にしてほしいと語っていたとき、一人のお母さんが途中から最後まで泣き続けておられた。その現場を取材に来ていたテレビのディレクターが後で涙の理由を尋ねると、「ゲームしか関心のなかったあの子が、あんなに楽しそうに自由にマジパンをつくっている姿を見て、いろんなことを強制的にやらせ過ぎていた自分の子育てが間違っていたことに気がついた」とおっしゃったそうだ。

僕は、このお母さんもすごい人だと思った。その感度に僕は心の中で拍手した。僕の話から、お母さんは自分自身の答えを見つけ出したのだ。その答えとは、お母さん自身が気がついた不都合のポイントだ。僕の話を聞く前と後でお母さんに変化が生まれたと知って、「話をして良かった」と思った。

「おいしい!」と言ってくださったお客様や、「エスコヤマ」で働こうと思ってくれたスタッフによって、僕は「ここでお菓子屋をやっていてよかった」と思わされている。そして次の瞬間、やっぱり自分がやらなくちゃいけないことを、不都合や不評を変えることを、お客様や子どもたちや親御さんやスタッフのためにやっていこうと再認識する。

＊

不都合や不評を改善しながら仕事をやっていこうとする持続力は、失敗しても次に向かっていける体力のことであるし、その体力自体がたくさんの失敗によって向上する。実際にやってみれば分かるはずだが、**失敗の理由が見つかると楽しい。だから失敗の原因究明にエネルギーを注ぐ。そうしているうちに失敗にくじけない体力がついてくる。**その体験を重ねていくと、失敗することをネガティブに考えなくなり、失敗した人をダメな人だとも思わなくなる。要は、失敗の原因にたどり着けるかどうかだ。それを取り外していけば成功につながっていく。「失敗を大事にしよう！」が僕の「よっしゃ！」という達成感の原点だ。

成功して褒(ほ)められるよりも失敗を注意されたり叱(しか)られて育つ人は、失敗は嫌だと刷り込まれてしまう。他人に注意されると自己否定されたように感じる人が多いのも、そのためだ。だから、これからも「自分の失敗から何かを得られる思考方法が大事なのだよ」と伝えていこうと僕は思う。

不思議なのだけれど、失敗して落ち込んでいる人に、「くよくよするなよ」「大丈夫だから」と無責任に励ましている人をよく見かけるが、それはどんな役に立つのだろう？　**くよくよ気にしていける体力を身につけさせなければいけないのではないか？　それを越えて自分で原因を究明していく力もつけさせなければいけないのではないか？　失敗から逃げない強さを養ってもらわなければいけないのではないか？**

職場で叱られて泣いている人がいるときに、「どうして泣いているの？」と尋ねるのが酷なことくらい分かっているけれど、僕は、その涙の理由が気になる。まったく意味のないことで泣いても何も得られないし、反省にも結びつかない。涙を流したことが次のことに役立てられるようにしてあげたいから、涙の意味を問う。

叱られたことが自己否定されたようで泣くのか、自分の足りないことに気がついて愕然（がくぜん）とした涙なのか、泣くことでその話を終わらせてもらいたいだけの防御なのか、自分が泣くことの意味も自覚させてあげたい。

自分を守ろうと思えば、いくらでも守ることはできるけれど、それを続けていった先にあるのは、いったい何だろう？

28

「共に」が生まれるところ

僕が見てきた中で、お菓子屋さんを辞めていく人の多くは、お菓子づくりの技術の問題よりもコミュニケーション不足や人間関係が原因になっている。どこにでもあることかもしれないけれど、僕はそこを気にする。

コミュニケーションの取り方や他の人とうまくやっていく関係の取り方は、個人だけの問題ではない。けれども、自分の思い通りではなかったとか、注意されたことを大所から見られずに瞬間的なとらえ方で嫌になってしまうといった、個人に由来することが少なくない。ちょっとだけ見方を変えれば自分に必要なことだったと気がついて道が開ける場面なのに、もったいないなあと思うことをたくさん見てきた。その積み重ねで「自分のやりたいこと」から「やらなくてはいけないこと」に意識が変わっていくのになあと思いながら。

もし、もう嫌だと思う状況になったら、なぜ自分はこの仕事を選んだのか、なぜこの会社に入ろうと思ったのか、そもそも何を目指していたのか、ということを自分で再確認してほ

しい。そして、その自分の気持ちを周りの人たちとも共有しておくと、いろんな助けが与えられ、自己中心的な見方に偏っている自分を修正していける。それをやっていくのもチームの持つ共同作業の一つだ。

技術力にしても、自分がどんどん仕事をすれば上手になる、ひたすら集中してやれば高度な技術も身についていく、というのは正解ではない。**技術力の向上には「かわいがられること」「重宝がられること」という意外な要因が関係する。**

働くというのは、「他の人と一緒に」働くことであって、個人で働くことではない。いくら自分一人で技術力を高めようとしても限度がある。先輩やリーダーにかわいがられ、重宝がられ、たくさんの学びを与えられてこそ上達のスピードも上がってくる。

ということは、人間性が仕事のクオリティに関わってくるということだ。仕事の場でコミュニケーション力を高めるなんて無駄だと考えたり、一緒に成長するなんて無意味だと思い込んでいる人もいるが、それは**「共に」という力のすごさ**を知らないだけだ。抽象的に言えば、熱意の場、信頼の場、はそうして生まれるものだ。何とか伝えようとする人と、何とか分かろうとする人との「共に」が、その場から始まるのだ。そして、そこで落ちた種が一〇年後に花開くことだってある。それを信じられるかどうか。

＊

前述したように、デコレーションケーキとアニバーサリーケーキの専門ショップ「ファンタジー・ディレクター」をオープンしたのは、まさに「共に」の経験の賜物による。人とのコミュニケーションが苦手なあるスタッフは、お客様のご要望をすべて聞いて、その通りに取り入れたデコレーションケーキをつくらなければならないと考えていた。そして、お客様との会話を重ねるほど、自分がどうしていいか分からなくなっていた。とうとう、どうにもならなくなって僕に相談に来た。

そもそも会話というのは、相手の言葉を並列的にとらえていくものではない。いくつかのバラバラに散らばった言葉を、ある瞬間に一つに集約して、「つまり、こういうことだな」と受け取っていくものだ。そして、その受け取り方が間違っていないかどうかを確認するために、「そうすると、こういうものをお望みなのですね？」と問い返すのだ。相手の話を一から十までなぞり返すことができても、自分の中に何かが生まれていることにはならない。**相手の話を聞いて、自分の中で全体のイメージを構築しながら、相手の望むものを共有していくことによって、相手と自分の間に「共に」が生まれる。**

だから、時には相手がお客様であっても、教育的な意味も含んだコミュニケーションやディレクションにならざるを得ない場合がある。それではとてもケーキとして成立しないと分かっていながら、「はい、分かりました」と受けてしまうほうが不誠実だ。その場合には、「こうすると、非常に相性の良い組み合わせになりますので、そのようにアレンジしてもかまいませんか？」と自分の考えを伝える必要がある。

お客様は、「こういうものがいい」というご希望を持っていらっしゃる。僕たちは、おいしくする方法を知っている。それをうまく調整していくことはケーキづくりの仕事の一つだ。「チョコレートにはお酒を利かせて、フルーツはオレンジを使ってほしい」というご要望ならば、「お酒はヘーゼルナッツのお酒にしましょうか？　香りが際立ってきますので」とうかがってみる。すると、「分かった、任せるよ」と言っていただける。それが信頼された証拠だ。

お客様のご要望をダイレクトにうかがって、コミュニケーションを取りながら「共に」つくっていくケーキは、もちろん世界で一つだけのケーキになる。同時に、僕たちにとっては、とてもありがたい学びの機会にもなる。「ファンタジー・ディレクター」の誕生の背景には、そんな出来事や考えがある。

＊

ところが、あるとき、お客様のご希望に沿うケーキのイメージが湧かない、と悩んだスタッフが相談にやってきた。ちょうどそのとき、僕は出かけなければならない時間が迫っていて、十分にアドバイスすることができなかった。そこで、今後、不安になったら、お客様からのヒアリングが終わった時点でその内容を連絡しておいてほしいと頼んだ。そうすれば、アドバイスできる機会が増えるし、お客様への聞き漏らしもヒアリング内容から読み取ることができるからだ。

その日の夜、そのスタッフから僕にメールが届いた。その一文に頭を抱えてしまった。

「お忙しいときにご相談に行ってすみませんでした。以後気をつけます」

僕があのときに言いたかったことは、たった一つ。事前にヒアリング内容を知らせておくとあなたにとって有意義なアドバイスがたっぷりできるよ、ということ。論点がズレていることを本人が気づいていない……僕はそれが気になった。

翌日、「事前に伝えておくことが改善のポイントなんだよ」と改めて話をした。すると、「すみません、抜け落ちていました」と言うのだ。「ああ、そうなんだね。抜け落ちたんだね」と僕は肯定することはできない。自分がこの出来事を通して少しでも上手なケーキ職人になっていこうという気持ちがあったら、何をアドバイスされたのか、同じことを繰り返さない対策は何か、そこをしっかりと認識しておく必要があるのに、明らかに反応がズレている。

またまた気になってしまった僕は、『「抜け落ちた」というのは、どんな意味？」と質問した。「抜け落ちた」と言っていては、改善につながらない。

僕は、自分だったらそういう反応にはならない、と思ったときは、必ず相手の気持ちに重ねて理解していこうとする。「自分とは違うけれど、こう考えたから、あの発言になったのかな？」「こういう理解の仕方をしたから、こういう行動になったのだろうか？」と推測しながら、何とかその人の思考のメカニズムに迫ろうとする。そこが明らかになれば、どこが間違っているかを教えてあげられるし、同じ問題を起こさせなくて済むからだ。

そのために、伝え方や問いかけ方も工夫する。これが分かってくれたら、ここまで到達してくれるのではないかと考えて、僕の思考とそのスタッフの思考との中間くらいにあると思えるものを提示して反応を確かめてみたりもする。そうして少しずつでも僕のほうから近づいていきたいからだ。

仮に、僕がそのスタッフの立場で、上司から「お客様のオーダーをうかがったときに、私にも伝えてほしい」と言われたら、「はい、分かりました」と即答する前に、「なぜ上司はそんなことを言うのだろうか？」と理由を考える。間違いなく、そうする。なぜなら、そこがこの場面においては最も学ばなければいけないポイントだからだ。「なるほど！　そういうことだったのか！」と意味を摑んでおけば、今後はその発想に立って仕事ができるようになる。

ということは、「その意味は何？」と疑問に思ったことが、自分の身につけるべきことだと言っていい。「分からないこと」ほど放っておけないことなのだ。

だから僕は、スタッフの思考が分からなかったときほど放っておけない。「そういう考え方なのだな」と理解できるまで問いかける。そこを怠るような彼らの上司にはなりたくない。

29

「砂漠のライム」に出逢った

フランスで、ある人に「珍しい香辛料を扱っているお店があるから行ってみないか」と誘われた。そこにはマニアックな香辛料や食材が並んでいた。

日本にも柚子（ゆず）を求めて来たことがあるという店の主人が「こんなの知ってるか？」と出してくれたものの中に、砂漠に埋めて乾燥させたイランのライムがあった。

「砂漠のライム？　何やそれ？」

半信半疑で鼻を近づけた瞬間、その繊細な香りに驚き、「これで何かつくりたい！」と体が反応した。

「パティシエやショコラティエでこれを使った人はいるの？」と尋ねると、「いない」と言う。そして、「おまえ、使いたいのか？」と聞き返してきた。「ぜひ使いたい！」と答えると、主人はニヤッとした顔で僕を見た。「おまえ、分かってるな」という表情だった。そんなものに出逢ったら、何が何でもおいしいチョコレートをつくりたいと俄然（がぜん）意欲が湧いてくる。

だけど、驚かされてばかりではちょっと癪だから、僕も驚かしてやろうと思って、主人にチョコレートを渡した。メキシコ・オアハカのトウガラシの香りをチョコレートの中に嗅ぎとった主人は、目を丸くした。その表情を見て、「あんたも、分かってるな」と僕はニヤリとした。

でも、そこの主人、タダモノではなかった。なんと、僕と会った翌週にメキシコまで飛んで行ったのだ！　あのトウガラシを手に入れるためだ。

僕は、彼がどんな熱意で商品を取り揃えているのか、改めて知らされた。そういう人が扱う砂漠のライムを僕は必ず活かしてチョコレートをつくりたいと思った。

＊

ところが、ライムを前にして、いくつもの疑問や興味が湧いてきた。イランには世界遺産に登録されている砂漠があるほどだから砂漠と人々の暮らしは切っても切れないものなのだろうと察しはつくけれど、なぜライムを砂漠に埋めようと思ったのだろう？　みずみずしいからおいしいはずの果実をなぜ乾燥させようと思ったのだろうか？　ある村の人たちが話し

合ってそう決めたのだろうか？　それとも、みんなは反対したけれどたった一人がこれをやろうと思ったのだろうか？

一個のライムが、お菓子をつくる僕にいろんな想像をかき立ててくれる。先人へのリスペクトとともに知りたい欲求が止まらなくなる。

世界を見渡せば、ピータンや梅干しなど、さまざまな保存食がある。その土地土地の食材と理に適った保存方法がマッチして、新しい味が生み出されていく。「人って、すごいなあ！」と素直に感心してしまう。

おそらく、イランの市場にどんなにいい香りのライムが並んでいても、僕は使わないだろう。砂漠に埋めて乾燥させたライムだから、それにまつわる歴史や風土や知恵といったスペシャルなものが僕の中に物語を芽生えさせるのだ。

そんなことを考えていると、〝先人の知恵〟という言葉が浮かんだ。イランのライムも、ピータンも、梅干しも、先人が僕たちに遺してくれた貴重な食べ物であり、そこに込められた知恵も僕たちは受け継いでいる。「やってみたい！」と思った人がいた、そのことに僕は感動する。当時はきっと非常識なことだったはずだ。でもやってみた。それが知恵となって歴史に残っていった。すごいことだ！

僕の生まれた京都も、歴史と伝統の街だ。先人たちの知恵を長く受け継いでいる。でも、僕が京都のことを知らなかったら、これからは世界を感動させることができない。だから、お菓子屋として、京都に根付くさまざまな食べ物の味を知っておきたい。

僕たちは先人がつくり上げてくれたものを利用させてもらって生きている。極論すると、僕たちのために先人たちは生み出してくれたのだ。だからリスペクトしなくてはいけないし、長い時間をかけて培(つちか)われた文化にも感謝せずにはいられない。

*

砂漠のライムもそうだけれど、**僕は、お客様に対してチョコレートで〝旅〟をしていただけたらと思っている。**「えっ？　旅？」そんな声も聞こえてきそうだけれど、本気で思っている。

「エスコヤマのチョコレートは変わってるものばかりですね！」とよく言われるが、僕は前衛的なものをつくろうという気持ちでやっているわけではない。ひと言で言えば、可能性を広げたいのだ。食べたときに、「こんな味になるの!?」「えっ！　こういうチョコレートもあり!?」と、未知なる味の旅を楽しんでもらいたい。と同時に、先人の思いを感じることも

〝旅〟の魅力だと考えている。

香辛料屋さんには、さまざまな種類の胡椒が並んでいたが、僕だけでなくフランスの料理人たちも、胡椒それぞれに潜んでいる物語は分かっていないかもしれない。自分の子どものことのように語ってくれたあの主人には、そこにある何十種類もの胡椒ごとに出逢いのストーリーがあるに違いない。もしかしたら、彼自身もそのストーリーの魅力にはまってしまっているのかもしれない。だとすれば、僕は今回、彼からそうした物語も含めてライムをいただいたことになる。ならば、それもお菓子に込めてみたい。

僕たちがイランの先人によってもたらされた砂漠のライムという〝知恵〟を使わせてもらえるように、僕たちも後世の人々に何かを遺すことができるだろうか。それを探し続けることも、僕のお菓子づくりの「道」だと思っている。

お菓子屋なんだから、そんなこと考えなくてもいいのかもしれない。だけど、チョコレートをひと口食べるときに砂漠のライムにまつわる物語や砂漠の旅のイメージまで味わってもらえたら、よりいっそうおいしく感じられるに違いない。だから、砂漠にライムを埋めてみようと考えた人の気持ちになろうと考えるのだ。そうしたら、きっといちばんいい方法で使いこなせるのではないか、と思うのだ。

化石の発掘にも通じるワクワク感。何もないと思っていたところから宝石が出てきたような驚き。そんなことを僕に感じさせてくれたイランの先人は、間違いなくクリエイターだ。

そのクリエイターの気持ちを伝えていくのは、〝旅先案内人〟である僕の役目だ。

30

ピンキリの〝ピン〟になれ!

フランスの香辛料屋さんで出逢った砂漠のライムはクオリティの高い材料であるにもかかわらず、それを使ったフランスのパティシエがいないと主人は言っていた。同じように、日本の食材であっても日本人のシェフが気づいていなくて、外国のシェフが先に見つけたことで僕らも知らされていくことだってあるかもしれない。

そうしたことを教育の世界でも感じている。親や先生が気づかない子どもの素晴らしさを、他の人によって知らされていくということだ。もちろん、そういうことは当然あっていいし、だから多くの人が子どもの周りには必要なのだ。

それなら、いろんなジャンルのプロフェッショナルが子どもたちと関わることで、子ども一人ひとりの可能性をより高められるのではないか。親だから、担任だから、すべてを分かっているわけではないし、子どものほうから考えれば、どんな大人と出会うかによって花開くジャンルやそのタイミングも違ってくるはずだ。

僕がお菓子屋なのに幼稚園児にも大学生にも話をするのは、僕との出会いが何かの役に立つかもしれないし、そうであったら僕自身が嬉しいからだ。そして、教師や親御さんにも聞いてほしいと思うのも、親や教師以外にも子どもと関わる人が必要だと知ってもらいたいからだ。チョコレートの世界に燻製トウガラシや砂漠のライムが加わって新しい味わいが生まれるように、教育の世界にまったく異分野の人が関わっていくことを僕は願っているのだ。

教育の可能性を信じているからこそ危惧するのは、「ケーキ屋さんになるためにはね」「ピアニストになるためにはね」「サッカー選手になるためにはね」と大人が先回りして言うことの中に、技術や技能の話ばかりが盛り込まれてしまうことだ。それも大事なことだけれど、好奇心や、オリジナルな見方で切り取る力や、全体が見渡せる視野の広さや、面白いと思ったことを極めていく持続力などを伸ばしてあげられる大人の存在こそ必要だ。

お菓子の専門学校で勉強する学生たちにも、本当はそうした技術以外の大事なことを伸ばしてもらいたいのだけれど、現実はそうなっていない。だから、僕は〝先回り〟をして幼稚園児や小学生、中学生にメッセージを伝えるのだ。

「プロから学ぶ創造力育成事業」の一環として、地元の中学校で講師を務めているのもそのためなのだが、先生方の頭の中には「創造力」だからものづくりの話だろうという先入観がある。でも、僕自身は「創造力」も「想像力」も重ね合わせて考えている。どちらの「ソウゾウリョク」も、ものづくりには欠かせない。相手のことを想像することとクリエイティブであることは同じ地平にあるからだ。

＊

自分が何かをつくる理由は、最終的には誰にどんな感動を届けたいのか、というひと言に尽きる。僕は、自分のイメージをかたちにしていくし、「おいしい」と言っていただけることを期待もするけれど、だからといって自分の作家性でお菓子をつくっているわけではない。お客様のために、ここはこうでなければならない。お客様のために、こういうメッセージを必要とする。そんなふうに考える。

僕は、ものづくりの基準を他人に合わせることはしないが、人を感動させたいとは思っている。自分の好みは大事にするが、自分の好きなことだけをやってはいない。だから、独りよがりにならないでいられるし、**自分自身が「いちばん厳しいお客」になれるのだ。**そういう気持ちでお菓子づくりをしていると、いくら評価をいただいたとしても自分のハードルはもっと高いところに設定することができる。どのレベルを自分が求めているかによって成長度合いが違ってくる。**僕はピンキリの〝ピン〟を自分自身に課している。**

そうすると、材料を探すときでも、「〝ピン〟のものはどこにあるだろうか」という意識が働くようになる。「イチゴだから○○地域にある」「卵だから△△産のものでいい」とはならない。○○にも△△にもピンキリがあるはずだ、と考える。メキシコの市場でトウガラシの袋に顔を突っ込んであれこれ嗅ぎまわる日本人を、現地の人たちが奇異な目で見ていることは分かっていたけれど、〝ピン〟はそうやって求めていくしかない。

やっとのことで探し当てた僕の求める香りのトウガラシは、その店のおやじさんが、僕と同じように〝ピン〟を求めて買いつけてきたトウガラシだった。それが後で分かったとき、やっぱり自分が求めていればおのずとそういうレベルの人や物に出会っていくんだと再認識した。

そういう出会いを一度でも経験すると、**妥協したり安易な方法で済ませることができなくなっていくし、出来上がったものに対する自分の気持ちも大きく変わってくる。**メキシコのトウガラシを使ってつくったチョコレートは、「オアハカの市場の熱気やざわめきや見つけ出した僕の熱が入っているチョコレート」と伝えたくなる。

子どもの頃から、自分の熱が入ったものだったらみんな分かってくれるという感覚があった。そして、そのときに必ず言われる言葉が「すごいなあ！」だった。それが嬉しくて「よし、次も」と努力した。**「すごい！」のひと言で人は喜びと一緒に自分のクオリティを高めるきっかけを与えられる。**「すごい！」と気づいた人が、自分もすごい人になろうと決心する。それを僕は子どものときに知った。

「自分にはそんなすごいことなんかないよ」と思って尻込みする大人が多いけれど、**自分自身を分解してみると、誰にも真似できないピンキリの〝ピン〟の自分が必ずある。**自分のオリジナリティはそうやって発見していくものだ。

＊

僕がスタッフを気にかけて注意するのは、いつか褒めたいからなのだ。やがて自分で気がついて一人でできるようになったときに褒めることを待ちわびている。どんな人にも「すごいなあ！」と言いたい。それが僕のコミュニケーション。

コミュニケーションとは、自分の言いたいことを表明することではない。相手のことを考えることだ。相手とは、お客様であり、イチゴを提供してくださっている農家の方であり、一緒に働いている人たち。家に帰れば家族であり、休日に約束している友達や、通勤途中に出会う人たち、買い物をしたコンビニの店員さんも、相手であることに変わりはない。

自分の周りを常に気にしていくコミュニケーションが自分のクオリティを高めていくことにつながり、自分の作品づくりのベースになっていく。逆に考えると、**自分は周りから成長する要因をいくつも教えられている**ということだ。

お菓子づくりで言えば、お客様によって自分が高められ、自分の成長によってお客様にはより満足していただける。この連鎖を味わえるのが、お菓子づくりの醍醐味でもある。そして、ピンキリの〝ピン〟のクオリティを求めるためには、日々、自らが成長を続けていくしかない。

そう考えると、お客様が感じられている「おいしい」という喜びの種は、自分の中にあると言えるのではないだろうか。お客様のためであることが自分のためでもあるとは、そういうことを指すのかもしれない。

31

動詞が変われば質が変わる

混ぜる、こねる、泡立てる、伸ばす、焼く……お菓子屋の仕事を動詞で表現すると、一般的にはそうした言い方になる。

でも、僕の場合は違う。考える、見せる、伝える、生み出す、発見する、褒(ほ)める、表現する、感動する、納得する、学ぶ、成長する、悩む、挑む……といった動詞で仕事をしている。そうすることが好きだからだ。

混ぜる、こねる、泡立てる、伸ばす、焼く、を続けていくのがお菓子屋だと考えていると、その技で他人と比較したり、それがうまくできなかっただけで仕事が嫌になったりしてしまう。

ところが、考える、見せる、伝える、生み出す、発見する、褒める、表現する、感動する、納得する、学ぶ、成長する、悩む、挑む、という仕事を続けていると、失敗も次のステップへの糧(かて)としてとらえることができるし、自分を高めるためにいろんなことをやっているのだと考えられる。他人と比べる隙間も出てこなければ、仕事を嫌いになる理由も見つけにくくなる。

どんなことも最初から質を求めることは不可能なので、たくさんつくりながら質も向上させていくしかない。そして、量から質へと転換されるためには、自分の仕事を表わす動詞が自分の意識の中で変化していかない限りむずかしい。動詞は質を変えるのだ。

とはいえ、たくさんつくっていくだけのエネルギーを持ち続けるのも容易ではない。僕の考えでは、つくっているものが「自分の作品」だと強く思い続けられるかがカギになる。

「小山ロール」を毎日焼きながら、焼き上がるたびに心の中で「おおー!」と思えている。**心を込めた商品をいちばん最初に見る自分が感動している。もうこれ以上のものはつくれないと毎日毎日思っている。**自分の作品だったら、そういう反応になるはずだ。

これまでに数え切れないほどのケーキを焼いてきた僕でも、粉を混ぜている圧力や空気が取り込まれていく感覚が手に伝わってくるとき、いまだに「おおー、すごいなー」と感嘆する。泡立ったメレンゲを見つめながら「ここに飛び込んだらどうなるんやろ?」と考えているときもある。きれいに焼き上がった生地に触れて「キュッ、キュッ」と鳴いたりすると、その音の微妙な違いを感じ取っては喜んだり悔しがったりもする。一本一本の「小山ロール」と対峙（たいじ）しながら、そうした喜怒哀楽が僕の中に生まれている。それがあるから、仕事を嫌いになる理由など湧き起こらない。

「小山ロール」を毎日一六〇〇本つくり上げるためには、生地づくりを一〇〇回することになる。四季を通じて毎日一〇〇回生地をつくっていると、それだけでもいろんなことが分かってくる。そう思って一本一本の商品に向き合う回数を重ねることで、大きな経験となって自分に蓄積されていく。そのときの仕事の動詞は「学ぶ」だ。

材料を混ぜる時間、焼き上げる時間、そういう時間も自分の人生の一部分なのだから、豊かな動詞の時間を過ごしたほうがいい。

*

「自分がこれをつくっているんだ」という意識は、ベテランも新人も関係ない。

僕が新人のころは材料の計量が仕事だったけれど、そのうちに混ぜる仕事を任されるようになると、そこで計量をしていた〇〇グラムという数字の意味が分かって、お菓子を数字として見ることができるようになった。そして「レシピって、やっぱり確かだったんだな」と一人で納得していた。「計量する」が「意味を理解する」へと変化していったのだ。

こんなふうにして、数字からお菓子が見えてくるようになったり、レシピをつくった人へのリスペクトが生まれたり、お菓子づくりに自分が関わっていることがすごいことだと思えてきたり、という経験の中で、「混ぜる」が「混ぜる」だけに留まらなくなる。「混ぜる」の裏側に潜んでいること、「混ぜる」の先にあるもの、「混ぜる」の隣にあるもの、そこにもおのずと気がつき始める。気がつけば楽しさが増えてくる。

僕だって「面倒だなあ」と思う瞬間はあるが、それすらも人一倍楽しめているという自信がある。「なるほど！　これはこういうことにつながっていくんやなあ！」と分かっていくことが楽しくて仕方がない。そして、楽しくなったことはスタッフに語ったり、学生の前で講演したり、本に書いたりしたくなる。そんなお菓子の職人であることが面白くて仕方ない。

そのときの「なるほど！」を別の言い方にすると、「すごい！」になる。つまり、「なるほど！　こういうことだったのか！」という気づきを積み重ねていくことで「すごい！」をたくさん持った人になることができるし、そういう人は頼りがいがある。先輩は「すごい！」をたくさん持っておくべき、と言うのはそういう意味なのだ。**人が人を尊敬するときに自然と湧き起こる「すごい！」という感情が、新しいつながりをつくっていく。「すごい人」と**

「すごいを見つけた人」が共に仕事をしていくと、その場はクリエイティブな場になっていく。

＊

だから、スタッフにも自問してもらいたいのだ。「なぜ自分はここでケーキをつくっているのか？」「ケーキをつくる自分は、何をしようとしているのか？」「自分は何を残していくケーキ職人なのだろうか？」と。

「自分は何者なのか？」という問いを持ち続けていないと、何のために仕事を続けていくのか分からなくなってしまうときがある。香辛料を売るおじさんとの出会いは何だったのか？砂漠のライムはどんな意味を持って自分の前に現われたのか？　これを使って世の中に何を伝えられるのか？　そういった自分自身への問いが自分のつくり出すお菓子になっていくのだ。そのためには、自分と対峙していくしかない。お菓子の技術論ではないところにオリジナリティが潜んでいるのだから。

あれがいいか、これがいいか、と迷って本来の自分のあり方を見失ってしまうのは、自分への問いかけが不足しているからだと思ったほうがいい。**どんなときでも、「自分は何者な**

のか？」に答え続けようとする中にしか、自分のやるべきことは見つからない。一見、大変なことのように思えるかもしれないけれど、そのようにして「自分はこれだ！」と定まっていくのだ。超一流の人は、みんなそのプロセスを経ていく。そのとき、きっと**自分の仕事を自分ならではの動詞の言葉で語れるようになっている。名詞は誰にとっても同じだが、動詞には自分だけの豊かな経験を込めることができる。**

自信は、「自分は間違っていない」という過信や思い込みの中にはない。本当の自信は自分の過ちに気がついて改善していく過程で培われていくもので、そのためには自分は間違ったことをやって迷惑をかけているかもしれないと顧みる力、すなわち自分を問う力をつけなければいけない。そうしてさまざまなことが吸収できるようになるのだ。

仕事の動詞が変われば、生き方の質も変わっていくのだと思う。

32

「やらなくてはいけないこと」に出逢う

仕事は、見通しが立っていることばかりではない。むしろ、模索しながらやっていくしかないことのほうが多い。でも、この手探りの場を経験することは貴重な財産になる。**何もないところから出来上がっていくプロセスこそクリエイティブな道だと言っていい。**

「エスコヤマ」をどう設計していくか考えていた頃、僕の頭の中には、すでに「こうだったらいいなあ」というイメージがあった。先輩たちに「お客様が庭を通って店に入っていくような感じ」と説明した。だけど、先輩たちは理解できなかった。

「誰のお店に近いイメージか?」と尋ねられた。誰のお店にも近くない。そんな発想ではなく、ゼロからつくっていくのだから、おおもとにあるのは自分のイメージだけ。それに近づけるために自分は何をすべきか、と考えるしかなかった。

だから、「どういうお店になる予定?」と聞かれたときも、「そんなものは始めてみないと分からない」と答えた。「どうなるか分からないで始められるの?」と不思議に思うかもしれないけれど、メイン商品にしたいと考えている「小山ロール」も、お客様にどんな反応を示していただけるのか、どれほどの数をつくらないといけないのか、実際にオープンしてみなければ分からない。そういう手探りの日々を重ねていくことが新しいものをつくっていく自分の使命だと思っていた。

オープン初日、用意していた二〇〇本の「小山ロール」がすぐに売り切れてしまった。お客様に並んでいただいたのに商品がない！　マズイ！　他の商品も同じようになくなっていく！　焼いても焼いても追いつかない！　そうなると、「やりたいこと」どころではなく「やらなくてはいけないこと」しか目の前にはなかった。

そうして気がついた。メイン商品と他の商品の数のバランスを見つけることが必要だと。そして、一日六〇〇本の「小山ロール」を用意したときに、ちょうどいい感じで商品が完売するようになった。そこまでやって「どういう店になるのか」が少し見えてきた。「小山ロール」を毎日六〇〇本必要とする店なのだということが。

お友達やご近所への贈答用として買っていかれるお客様が多いことも分かってくると、贈答用のパッケージとしての不都合さなども見えてきた。またまた「やらなくてはいけないこと」が出てくる。

また、本店もスムーズな流れになっていなくて、売り場のレイアウトを替えなければならない。そうなると新しいテーマとデザインから考えることになる。これも長い間「やらなくてはいけない」と思っていたことだった。

いま考えているのは、樹木の根っこが逆さまになって天井から生えているオブジェがあり、その枝の先、つまりお客様の足元に花であり実であるお菓子が咲いていたり実っていたりしている、そんなイメージだ。そして、中心の幹には空洞があり、それを覗きこむとカブトムシやギター、逆回転しているタイムスリップ時計などが隠されている……。

自分の物語として語ることのできる新しい「エスコヤマ・ワールド」を展開させたいと思っている。そう、やっぱりお店は常に変化し続ける生き物なのだ。

＊

振り返ってみると、僕たち「エスコヤマ」の全員が目にしてきたのは、「やらなくてはいけないこと」ばかりだった。それに一つひとつ対応してきたことが歴史になっていた。

夢を追ったわけではない。自分の好みに執着してきたわけでもない。お客様のために、お客様が贈呈される方のために、「エスコヤマ」で楽しさを発見してくれる子どもたちのため

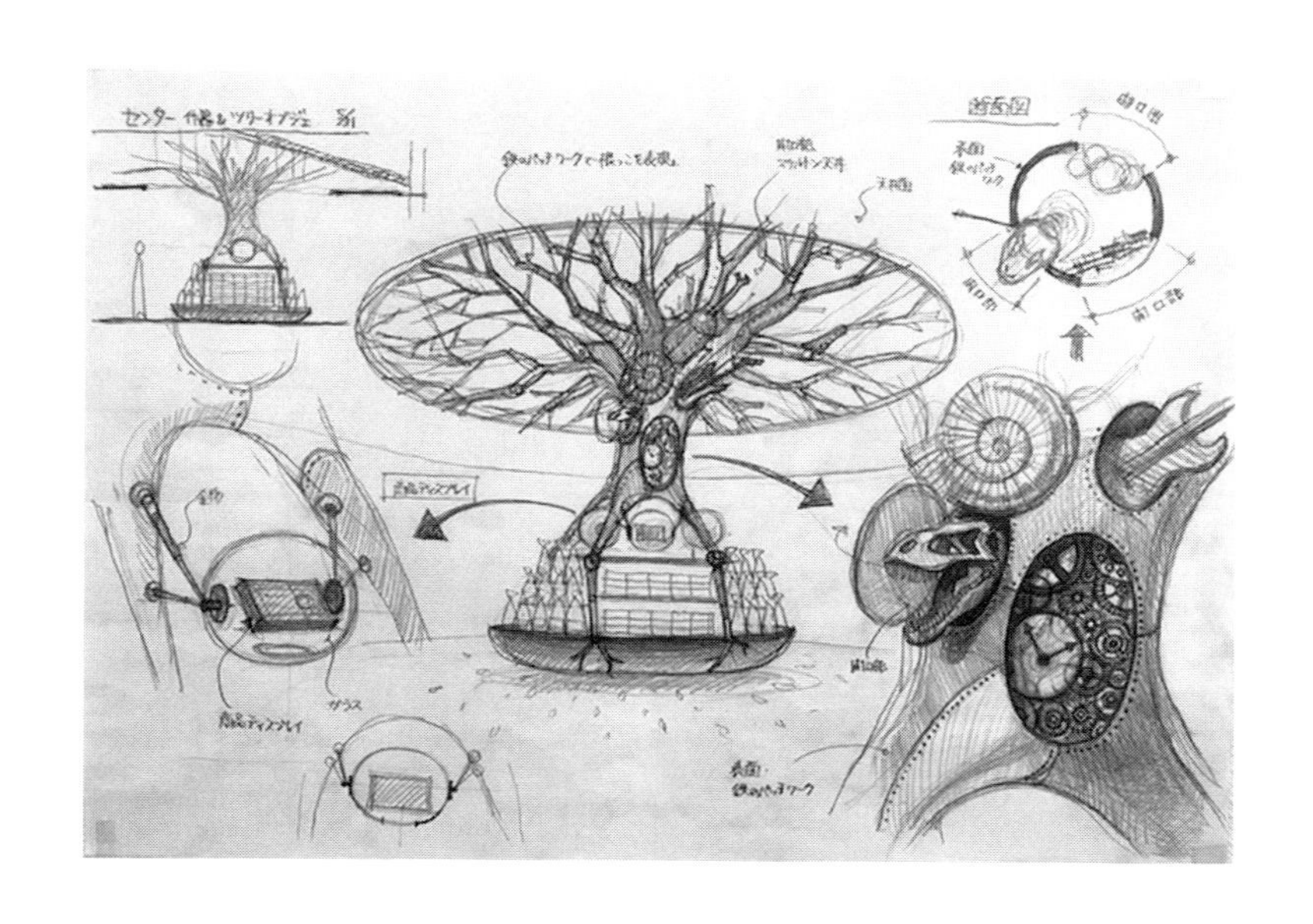

エスコヤマ本店の改装プランのメモ

お店の中央にはお菓子の樹木を置く。
自分の物語とともに、お客様にお届けしたい思いがコンセプトだ

に、スタッフが誰に対しても自慢できる店だと感じるために、「やらなくてはいけないこと」をやってきただけなのだ。僕が目指していた「こうありたい」が、それなのだ。

だからといって、やらなければならないことが、義務化されたり、強制と感じられたり、不自由さの苦しみになったりすると続けていくことができない。「やらなくてはいけないこと」をやっていくのがこんなにも生き生き伸び伸びとしたもので、こんなにも楽しく充実していて、こんなにも学びがあって成長できて、こんなにも喜ばれて大好きな仕事だと思えなかったら何かが間違っている。

やりたいことがあって仕事を始めた。そこには、やりたいこと以上に価値のあるやるべきことがあった。それをやっていると、いろんな人が喜んでくれることを発見した。この仕事は自分にとってなくてはならない仕事になった。相手がいる仕事は、こういうやりがいを感じるものなのだと知った。やりたい仕事がいつの間にか自分にとって必要な仕事に変わったとき、仕事を手放せなくなっている。そんな人がたくさん集まっている職場が「エスコヤマ」です……そうスタッフ全員が語り始める日が明日訪れるために、「やらなくてはいけないこと」を今日もやっている。

*

スタッフからのいろいろな相談を受けながら気づくようになった。本当に相談の上手な人は、「相談があります」とわざわざ言わないで、普段から何となく近づいてきて、あれこれと話をする中で自分の課題の解決方法を探しているような気がする。そうすることで、会話の先にある〝感覚〟を体に浸透させているのではないだろうか。「エスコヤマ・イズム」とでも呼ぶしかないものが、そのようにして獲得されていくのだと思う。

そういう学び方ができた人は導くこともできるようになる。自分でクリアできたことに基づいて、知識としてではなく感覚が身についているからだ。

ややもすると、指導をしているつもりで、自分自身を表明したり自分のやりたいことを後輩に押しつけることにすり替わっていきがちだけれど、「自分は何をすべきか」というところに立たないと指導すべきことが見えてこない。ここでもやっぱり、「やらなくてはいけないこと」が求められる。

「やりたいことがあって、ここへ来たんだ」という言い方は正しそうに聞こえる。でも、それは自分のことを考える場合に限られる。「みんな」や「一緒に」が前提となる仕事に個人的な理由を持ち出す場面はない。

みんなが一緒に「やらなくてはいけないこと」に取り組んでいくから、自分自身の仕事の意味がそれぞれの中で明確になってくる。自分自身の仕事の意味が明確になっていると、どんな小さなことでも、やり終えた瞬間に「よっしゃ！」という言葉が自然と出てくる。他者からの評価とは別次元の、自分と向き合って達成した充足感による心の底からの雄叫(おたけ)びだ。自分が目指している仕事観に近づいた喜びと言っていい。

自分のやりたいことは容易だ。やらなくてはならないことはむずかしい。平面と立体ほどの差がある。でも、**「やらなくてはいけないこと」の周辺には、自分を立体的に育てていく材料がたくさん用意されている。**そこに価値を見出し、それをやろうとしているチームの一員であるならば、やりたいことでは気づくことのできないものと出逢ってほしい。

どんな職場も学校も、そんな可能性を持っていると僕は信じている。だから、呼ばれれば経験したことを語り、求められることを惜しむことなく提供する。「やらなくてはいけないこと」をやっていく自分であろうとする視点が、いろんな人の役に立つ自分を育てるのだと自信を持って伝えたい。

33

ルールではなく風土を語れ！

ある団体主催の合同会社説明会に参加した。他のメーカーは人事担当者しか来ていないところもあって、「えっ、小山さんも来てるの!?」とビックリしていたらしいけれど、僕はこういう場こそ自分で語りかけるチャンスだと考えている。

就職活動中の学生たちを前にほとんどの企業が労働時間や給与のことを熱心に説明していた中で、僕は「自分がなぜ三五年間飽きもせずにお菓子屋を続けてこれたのか、そのコツを話します」とお伝えして語り始めた。

最初は「ふーん」という表情で聞いていた人たちも、徐々に食い入るような目つきになり、最後にはニコニコし始めた。そのとき、僕に同行していた数名のスタッフが「そうなんだよ」と自慢げに胸を張って立っている姿を見て、それが僕には嬉しかった。

暇を持て余しているブースもある中で、圧倒的に「エスコヤマ」のブースには人が集まっている。他社とはまったく違う、僕から学生たちへのプレゼンテーション。そこに関心を持って身を乗り出してくれている学生、という目の前の現実。「エスコヤマ」の中にいては空気のような当たり前のものとして気づくことのできなかった自分たちの「風土」がスタッフにも再確認されたのだと思った。

僕は、この「風土」は言葉で伝えにくいものであるだけに、逆に何とかして伝えたいと言葉を尽くしてきたつもりでいる。**「風土」の実感こそ「エスコヤマ」で仕事をするうえでは最も大事なことだと考えてきた。**それはチーム全体としても個人としても、誇りや自信を生み出す土壌であるからだ。

僕自身、新人のときから、いわゆる業界慣れのようなこととは決別しようと考えていた。そんなことを「当たり前」だと思ってしまう自分になりたくなかったし、そこで人に喜ばれるお菓子が生まれるとも思えなかったから。けれど、うちのスタッフには自分たちを他社と比較して感じられる場面が少ないからなのか、逆に、「エスコヤマ」がどういう存在なのかを肌で感じ取る機会がなかった。それもあって若いスタッフも合同会社説明会に参加させたのだけれど、自分たちの風土や哲学に改めて気づいて誇らしく感じたのだろう。

今回の参加にあたっての準備はほとんどスタッフに任せた。それでも、パリで発表したチョコレートが印刷された「のぼり」や、新作を解説したリリースや商品パッケージなど「エスコヤマ」だとひと目で分かるブースの展示はできていたし、何よりも、自分たちが普段から大事にしていることを丁寧に表わすことによってどんな反応を示してもらえるのか、それを受けて自分の中にどんな気持ちが生まれるのか、どんな感覚を持ってその場に立っているのか、そこを感じてもらいたかった。

それは、僕が「これってすごいやろ！」「こういうのがすごいんやで！」と言うのとは違う、自分の実感として摑んでいく瞬間でもあり、僕が日頃から言っている意味がそうやって獲得、共感されていく。僕がどういう気持ちで同業者の中でやってきたか、どういう感覚で自分の哲学を伝え続けてきたか、言葉にならないその部分を同行した彼らはきっと感じてくれたはずだ。

他人事（ひとごと）の「すごい！」から自分事（じぶんごと）の「すごい！」へと変わるのは、そこなのだ。感覚を摑む機会を持てるのは、何においても大事なことだ。人とコミュニケーションするということは、そういう自分事の「すごい！」を増やす意味があるのだろうと思う。本や映画やコンサートだって、もっと言えば職場だって、そういうチャンスが隠されているはずだ。そうすると、何のために仕事をするのか？　何のためにがんばるのか？　といった理由が自分の中から立ち上がってくるような気がする。

参加したスタッフも自分の言葉で学生に語りながら、きっと、そこに自分自身を重ね合わせて、僕に普段言われていることが自分の中にも響いていただろう。同時に、自分の言葉がこんなにも響くのだということも感じ取ったに違いない。本当の仕事の面白さはそうして気づいていくのだと分かってくれただろうか……。

＊

お店は、お客様に来ていただいて成り立つ場所だ。単にケーキの味が良ければいい、というわけにはいかない。もてなし方、喜ばせ方、楽しませ方、感動のさせ方など、立体的にお店をとらえていく視点が必要。だからなのか、「エスコヤマ」の顧客の一割は同業者の方たちだ。

人材育成もまったく同じ。上手につくれる人だけいればいいということではない。もてなしたり楽しませたり考えたり、その人の得意技を活かしていくことが本人にとっても、お店にとっても大事な視点だ。お店や人材の未来を狭（せば）めていく考え方をしてはいけない。

そうすると、必然的にまったく異分野でもそういうことに秀でている人の考え方や表現に目が向いていく。

たとえば、ニシノアキヒロ（西野亮廣）さん。お笑いタレントであり絵本作家でもあるニシノさんは、考えていることが独特で、いろんな話をしていると彼の魅力が伝わってくる。

ニシノさんがAbemaTVの「株式会社ニシノコンサル」という番組に僕を呼んでくれた。この番組は、ニシノさんがゲストと一緒にクライアントの要請に応えてコンサルティングをする、というもの。僕にオーダーされたのは、食料品店とレストランで構成されている「グローサラント」という形態のお店の経営改善だった。物販している食材で料理がつくられ、レストランで食べた物が買えるというこの形態はヨーロッパでは流行しているが、日本での認知度はまだ低い。

運営者はグローサラントの認知度を高め、多くの人に利用してもらいたいのだが年々売り上げが下がってきている。その改善策をコンサルティングしてほしいという。偶然にも同じ三田市内のお店であり、地元の食材を扱っているということもあって、一つのお店が良くなれば地域全体も良くなっていくと考える僕は、番組からのオファーを受けて、三回調査に出かけた。一年前のオープン時にも一度訪れている。今回も実際に食事もして、おいしかったお肉料理をメインに打ち出したらきっと利用客も増えるだろうと思った。

しかし、気になることも少なくなかった。例えば、西日を遮（さえぎ）るためのブラインドが下ろされっぱなしのために表から中が見えない。メニューの写真をラミネート加工して、それをセロハンテープで貼っている。しかも、水平ではなく歪(ゆが)んでいる。以前は見えていた厨房もパーティションで隠されている。サラダバーが厨房から遠く離れた場所に設置され、厨房から運ぶのにテーブル席を通っていかなければいけない。テーブル席の配列も物販部門の商品の陳列も直線的で事務的な印象を受けてしまう。物販の天井が高く商品の並んだ空間が寂しい……。言ってみれば、そうしたことは僕の中の〝違和感〟ばかりだ。「僕だったら絶対にやらない」ということだから気がついてしまう。

でも、それは大事な改善ポイントでもある。「弱点は進むべき道です」と運営者にお伝えしたし、エスコヤマもそうして今日までやってきたことをお話しした。

ニシノさんは、「ポスターの雑な演劇は観に行かない」という自分の考えを語りながら、目に見える部分に手を抜くと大事な部分も手抜きすると勘繰られてしまうとアドバイスされていた。エスコヤマの一見無駄のように思えるディスプレイや曲線を多用したデザインを写真で見せながら、「めちゃくちゃ楽しそうじゃないですか！　コミュニケーションをデザインしていますよね」とも解説してくださった。

僕は、それを受けて、物販とレストランの「つながり」、食材や料理と食べる人の気持ちの「つながり」、そこをお客様に丁寧に説明する必要があることを強調した。「つながりを分かってもらうのがグローサラントの意味なんだから」と言うと、運営者は深く頷(うなず)かれていた。

＊

僕は、**「お客様にお出しするのだったら、こんな見せ方はしない」「エスコヤマ全体のクオリティをこの一つのことで判断されるかもしれないと思うと、こんなことはやらない」という自分のレベルを決めている。**だから、「自分がやるのだったらこれくらいでなければ嫌だ」という基準が明確になる。そのお客様目線を持った主体性が会社やお店の「風土」と呼ばれるものをつくっていく。

お客様以外にも、いろんな方がエスコヤマにはお越しになる。その方々はエスコヤマの何を見ていらっしゃるのか？　という視点も自分の見方とは違うものが学べる。そして、**最終的には最も厳しい「自分の目」を育てていかなければならない。**

ニシノさんは、「エスコヤマは、理念と、そこから生まれた作品と、それを楽しく見せるエンターテインメント性を兼ね備えている」とも言ってくださった。そうなのだ。そのことの一端を合同説明会で参加したスタッフが感じてくれていたら嬉しいし、そして今度は自分が他のスタッフに風土を伝える人になってもらいたい。「イケてる」「圧倒的だ」「自慢できる」ってこういうことだ！　と僕が伝えたくて伝えたくて仕方がなかったことを彼らが代弁者として全スタッフの間に浸透させてほしいと願っている。

ルールと風土は違う。「上司が言っていたから」「これは決まりだから」「お客様には挨拶しなさい」とルールを語るのではなく、「これができるようになったら他のことにも気がつくはずだよ」「ゴミを拾ったら一日気持ち良く過ごせるよ」「自分から挨拶したら相手も笑顔になってくれるはずだよ」と自分の言葉で風土を語れるチームでありたい。

34 「超一流」が「超一流」を呼ぶ

『味の手帖』という雑誌の連載のために、ある寿司職人を取材した。当時弱冠二五歳。「すしうえだ」の大将。オープンしてわずか半年（取材時）だが、結論から言うと「超一流」。味も人物も。

僕が料理人に取材をするとき、必ず聞くことがある。

「あなたが仕事において大事にしていることは何ですか？」

「一つひとつの料理を、どんな考えでつくったのですか？」

「そのためにどんな技をそこに用いていますか？」

「将来、自分の仕事で社会に何を実現していきたいですか？」

その受け答えで、相手のいろんなことが分かってくる。

この連載の取材は僕が会いたいと思う人たちだから、一流の人ばかりなのだが、その中でも特筆すべき人だった。

マグロの卸で日本一と言われている「やま幸」の扱うマグロは、並のお店には卸してもらえない。レベルの高いお店しか相手にしないから、「やま幸」のマグロを手にできる料理人たちも当然、超一流ばかり。

その「やま幸」との出逢いにも彼の人柄がにじみ出ている。縁あって、日本一の魚屋と名高い「根津松本」の松本秀樹氏に築地を案内してもらった際に「やま幸」を紹介され、他の料理店の人が朝五時頃に来ることが分かっていたので、彼はそれよりも早く四時前に行って交渉し、その結果、神戸で初めて「やま幸」のマグロを獲得することになった。それでも、「交渉は一度だけで、自力ではなく、本当に松本さんのおかげです」と、謙虚さを絶対に忘れない。

「皆さんに『おいしい』と言っていただけるのは、自然の恵みと『やま幸』さんのおかげです。僕がしているのは温度調整だけです」と言う腰の低さの中に、美辞麗句としてではなく本当にそのことを分かっている人なのだと感じた。

*

それは大将の生まれ故郷と関係している。淡路島に生まれ育ち、高校生のときのアルバイトがきっかけで寿司職人の世界を知った。「高校へ行っている場合じゃない」と思って中退し、寿司職人になった。故郷・淡路島の「すし屋　亙（のぶ）」で修業しながら「生き方も学ばせてもらいました」と大将は言った。僕は、この言葉にも感動した。「生き方を学ばせてもらった」と言えるのは、自分で獲得した気づきであり覚悟だ。覚悟の強さがその後の人生を左右する。

大将が独立しようと思った理由は、「自分の料理に責任を持ちたい」「生産者の顔が見える仕事がしたい」からだと言った。これも料理人としての覚悟の上にしか出てこない言葉だ。

二五歳という若さで自分の店を持てた、その裏側に注視すると、高校を中退してからの数年間を自分の覚悟を固めていく準備期間として持ったのだと分かる。十代から二十代の前半のその日々は、自分との闘いの時間だったはずだと自分に重ね合わせて想像できた。

大将は自分の「寿司哲学」を明確に持っている。「自分の店でお客様に感じていただきたいと思っていることは、兵庫県という土地の命です」と言う。生まれ故郷である淡路島の食材を活かして、この土地でしか表現できない唯一無二のものを提供したい。それができれば世界中から食べに来ていただけると本気で考えている。「世界中でこの場所でしか感じることのできないものがある」とも言う。世界からのお客様が食べに来やすい場所として新幹線や空港が使いやすい神戸・三宮(さんのみや)に出店したというから、その本気度が分かる。

僕は、彼がここまで自分自身にさまざまなことを背負わせて店を始めた、その料理人としての覚悟、地元愛にあふれたその覚悟、そこに敬意を表する。あえて言うならば、「同志」だと感じている。彼の料理を食べればそのことが間違いなく表われているし、お店に行くたびに成長を感じる。

なぜ、成長を実感させられるのか。それは、**本人が自分の改善するポイントを分かっているからだ。誰に教えられるわけでもなく、自分の目指す高みが明確であるために、足りないところに気づくことができるのだ。覚悟があるから自分の弱点から目をそむけないし、自分で自分を変えていく方法を知っている。**

僕は、思う。こういう人に出会ったとき、自分自身を映す鏡になる。スタッフにも彼の話をしたのは、同世代の彼の覚悟や哲学を通して自問自答してほしいからだ。

*

ものづくりの世界で上達していくために必要なのは技術ではない。第一の条件は、「好かれること」だ。人に好かれなければ上手にならない。好かれなければ人を紹介してもらえない。好かれるということは、「この人と付き合うと自分が成長できる、学べる」という得るものがあるからだ。でも、それは自己評価ではない。相手が決めることだ。

超一流になるためには、超一流に好かれることが必要になる。その要素を彼はなぜ持ち得たのか。一貫目のプレゼンテーションでそれが分かった。

一貫目に生の穴子のにぎりが出てくる寿司屋など、おそらく他にはない。でも、それが彼のお客様に対する最高のおもてなしの仕方なのだ。本当に寿司の味が分かる人ならば、この特別な味の穴子を最初に出す意味が分かる。

大将は言う。「兵庫県の魚は、同じ種類の魚でも獲れる場所によって味が違う。それは食べている餌が違うからだ」。そこまで分かっているから、自分が何をすべきか、何をしてはいけないか、を理解している。だから、寿司でにぎる鯛は、明石(あかし)海峡のエビを食べて育った上品な味の鯛よりも、浅瀬に棲(す)んで磯のエサで育った力強い味の鯛をあえて使うという。明石海峡の鯛は刺身として使う。そうした心遣いに超一流の人がファンになる。

きっと、彼のファンは、お客様だけではないだろうと思う。漁師さんも、仲買さんも、彼の覚悟と哲学に共鳴して彼のファンになっているから、この食材は彼に使ってほしいと思うに違いない。事実、彼はこんなことを言っている。「漁師さん、仲買さんとのチームプレーで一貫が完成する」と。

言葉だけを聞いていると、もはやベテランの料理人のようだが、「志」と「決意」の質は年齢には関係ない。

「志」と「決意」は、自分にとって都合のいい志や決意ではない。自分の都合など入りようもない高く険しい志と決意、それが上質とそうでないものの違いを見極める力になる。素材も人も見極められるから自然と超一流が集まり始める。さらに、そのことが自分の喜びの肥やしにもなっていく。だから、僕はスタッフに技術以前の「人間的に育ってほしい」というメッセージを語り続けるのだ。

雑誌に掲載する前に大将に原稿を送って確認してもらうと、修正が入ってきた。それを見ても、彼の考えていることが見えてくる。正しく伝えよう、勘違いを与えないようにしよう、という配慮いっぱいの修正の仕方なのだ。かっこよく言おうなどというスタンスは微塵も感じられない。僕のものづくりの観点と同じものを感じて、またまた嬉しくなった。

35

自分を超えていく

理解してほしいことや願っていることを語りながら、すぐに分かる人となかなか分かったような表情にならない人の差は何だろう？　と考えていた。

そして、思い至った。自分を中心にものごとを考えたり判断する癖から抜けられない人は理解しづらいようだ。

今の自分のレベルでは理解できないことや自分に不都合なことを、はなから分からないと決めつけたり自分の考えとは違うと拒否していると、自分の伸びしろを失ってしまう。

僕自身や「エスコヤマ」には、足りないことや直さなくてはいけないことがたくさんある。そのことを僕は講演や取材でも正直にお話しする。そして、「でも、絶対に直します」とも言う。

直すべきことがたくさんあるのは恥ではない。直そうと努力すればいい。自分中心の思考から抜け出せずに、直すべきことにも言い訳が出てきてしまうことのほうが問題だ。

今、すでに完璧である必要はない。分からないことが分かるようになる、そのために自分の考え方や行動を変えていく。そうして少しずつ自分のレベルを上げていけばいい。**大事なことは、分からないことや失敗や誰かが指摘してくれたことは、自分を高めるきっかけなのだと喜んで受け入れる意識だ。**

スタッフに言うのは、僕の考えと自分の考えが違ったとき、それを書き出して、どうして違うのかを自分で考えてみることとの大切さだ。それでも分からないときは、仲間とディスカッションして新しい視点を見つけてほしい。そのとき、技術のこと、表現のこと、コミュニケーションのこと、日常の過ごし方のこと、思考や哲学や理念のこと……とジャンル分けして洗い出すと、視点が細部に及んで自分との違いがより明確になる。

とてもすごい仕事をする人を知っている。自分との差を歴然と感じる。どうにかして近づきたい。そう思うならば、一つの方法として**いろんなことを真似**（まね）**てみるのもいい。**

頭では理解していたり、知識としては知っている、だけど自分の行動には変化がない、という人は少なくない。**本当に自分のものにするためには、実際に行なえるようになって、それが習慣化されていなくてはいけない。**誰かの講演を聞いて「ためになった」とそのままにしておくのではなく、「じゃあ、自分はどんなことを始めようか」と一歩先へ行動を起こしていかなくてはいけない。

すごいなあと思う人がいる。その人と自分の違いを考えてみる。そして、違いの理由を分析する、目標を設定する、違いを埋めるための具体的行動に落とし込む、反省する、それらを繰り返し行なう。そして、実際にその人に会ってみる。そうすると、何を言われても、どんなに自分との違いを知らされても、間違いなくダイレクトに自分の胸に響いてくる。そのときの自分は、もはや自分中心の考えではなくなっているからだ。

ということは、自分を超えられなかったのは、「違い」を自分のものにしようとする自分になっていなかったからだけなのだ。

*

僕は、尊敬する人や学びたいと思っている人が本やお店を教えてくれると、必ず読むし、必ず食べに行く。それは話で聞いても分からないことが、自分で言葉を吸収したり、味わったりして初めて「ああ、なるほど!」と実感できるからだ。

僕も気になった本やお店があると必ずスタッフに紹介する。お店は予約が必要だったり遠かったりするけれど、本は手軽に買えるはずだ。でも、読まない人もいる。「こんなの分かってる。当たり前だ」と考えるらしいのだ。まだまだたくさん勉強しなければいけない時期に自己評価が高いのはなぜなのだろう？　それは自信とは違う気がする。

自信は、身につけていくこと、挑戦していくこと、読んだ本の内容を推薦してくれた人に問いかけながら確認していくこと、そういう過程の中で培われていくもので、何もしない自信などあり得ない。

もしかしたら、僕がいつも身近にいていろんなことを伝えているから分かったつもりになっているのだろうか？　もしそれが甘えになって自分を超えるチャンスを潰しているのだとしたら、僕が考え直さなければいけないことだ。「分かったつもり」が蔓延する状況を放置しておくことはできない。

＊

いろんな人と出会って、今の自分がいるのだと心の底から思う。

僕の基本を形成してくれたのが、おかんだったのは間違いない。「ちっこい人間にはなるな」と言われ続けたおかげで自由なことが大好きになり、でも「大きなことするな」と言われたことで心配性まで受け継いだ。

「お菓子屋として生きていく」と決心して、仕事をするようになってから特に影響を与えてもらったのは、僕が憧れた神戸の三人の社長。

一人は、働いていた「スイス菓子ハイジ」の前田昌宏社長。自分が世間で言う「非常識」な人間だと気づかされたとき、僕以上に型破りで、楽しいことばかりやっている前田社長に「子どものままでええんやで」と言われて救われた気がした。先輩たちには否定されても前田社長が僕の仕事を認めてくれたおかげで、いろんなことが経験できた。「お前が大成功したら、俺は間違えてなかったということやな」とおっしゃって、勇気づけてもらった。

もう一人は、「神戸コロッケ」や高級惣菜販売店「ＲＦ１」などで知られる「ロック・フィールド」の岩田弘三社長。「中食」や「デパ地下」の文化を根付かせた方で、時代を見抜いていくセンスに憧れた。世の中へのプレゼンテーションが大人の表現としてカッコよく映った。

三人目は、洋菓子ブランド「アンリ・シャルパンティエ」の創業者・蟻田尚邦社長。芸術的感覚をお持ちで、その高いクリエイティブ能力に少しでも近づきたいと常々思っていた。まだご存命のときだが、行きつけのレストランが何店も同じだったから、わざわざ僕の席に来て「お前が予約するから取れんようになったやないか（笑）」と冗談を言われた後、「お前のおいしいものを知ってる感覚は当たってるから、ずっと続けていけよ。体に気をつけてな」と言葉をかけてもらって、本当に嬉しかった。蟻田社長から通知表をもらったような気がした。

三人の社長に憧れながら、「こういうことを全部やりたい」と思っていた。これをすべてやっていたらきっと楽しくて飽きないだろうと考えた。それは、言い換えると、「お菓子の可能性を広げる仕事」だと思えた。事業としてではなく創作として。

考えてみると、もし事業としてお菓子づくりをやっていたら、おかんが言っていた「大きなことをするな」に反していただろう。三五年間、創作としてのお菓子づくりをやってきたから「小さい人間になるな」「大きなことをするな」は守られたのかもしれない。

自分を超えていくために必要な出逢いが誰にも用意されている。それを見逃さないでほしい。

36

「いい先輩」の条件

「いい先輩」の条件とは何だろう？　それを考えるときに、「モテる」ということを考えてみた。

例えば、木村拓哉さんはモテる。大泉洋さんもモテる。まったく違う個性なのに、モテるということは同じだ。

じゃあ、共通するのは何か。あくまでもメディアを通した印象でしかないのだが、お二人とも正直であるように思えるし、一所懸命さが内面から感じられる。

僕は、それこそが「いい先輩の条件」の最も上位に挙げられることではないかと考えている。**できないことがあっても嘘を言ったり格好つけてごまかさず、「できないことはできない」と表明する。**そこを後輩たちは感じ取って、この人は信じられる、信じられない、と見分ける。「自分も分からないから、一緒にあの人に聞きに行こう」と言えば、一緒に行動してくれたという熱意に後輩はまた別のものを学ぶはずだ。

でも、次に問いかけられたときには、自信を持って自分で答えていけるようにならなくてはいけない。そのためには、**失敗も含めていろんな経験を先回りしておくことだ。**後輩は自分と同じ道を歩いてくるのだから、自分がつまずいたことも後輩の役に立つと思って、そこでしっかりとつまずきの原因と解決方法を探っておかないといけない。成功とか失敗の問題ではなく、自分で何を獲得したのかがいい先輩を決定づけていく。

正直であることに加えて、**人に自慢できるものがあること**も「いい先輩の条件」としては必要だ。「これだけは」というものをいくつも持っておく。どんな小さな、どんなマニアックな、どんな無意味なことでもかまわない。「昆虫の話をさせたら世界一のパティシエ」という自負が僕にはある。そんなことはお菓子づくりには関係ない、と誰もが思っているけれど、昆虫の観察力から磨かれた「自然に対する意識」「空想の物語のつくり方」「感動の伝え方」「心地よい環境づくり」などは確実に「エスコヤマ」に活かされている。

自慢できるものを自分の中に満載しておくと、気づきのチャンネルを増やすことにもつながるし、自信を持ってプレゼンテーションすることもできるし、そのことに関しては他の人よりも高い次元で見極めることができる、といったメリットがたくさんある。

この自慢できるものこそが言動に説得力を与える。頭では分かっていても、それを他者に伝えることができないのは、自慢できる経験がないからだ。人に自慢できるという裏付けを持つことで自信と説得力が生まれる。

スピードは遅いけれど、コツコツと努力することは誰にも負けない。それだって立派な自慢だ。ただ、自己満足になってはいけない。誰が見てもそうだ、と言われるほどの自慢をつくっていくことだ。

＊

「『エスコヤマ』で五年間仕事をしていると、こういうレベルになれるんだ！　あの人と話をしてみたい！」

スタッフにはそう思われる人になってほしいと思っている。後輩を指導する中堅スタッフの中には、自分は正しく理解できていながら、後輩への指導が緻密でない人がいる。自分ができるということと、人に教えることができる、ということが同じ地平になければならない。

まだ、お店をオープンして日も浅い頃、僕が生地(きじ)を混ぜ合わせているとき、一人のスタッフに隣で粉を入れ続けさせた。来る日も来る日も同じことを続けた。そして、数カ月後、

「やってみて」と言った。見ながら覚えていた彼は、最初から良い生地をつくることができた。

これが、僕の教え方。そして、修正部分があれば言葉で伝える。「なぜならば」ということも含めて。そうすると理解が深まるし、気をつけるポイントも、そのための意識の向け方も、自分に染み込んでいく。

僕がそこまで時間をかけて伝えるのに、なぜスタッフ間では先輩が後輩に対して大雑把な指導しかしないのか？　なぜ教わったことや身につけたことを自分のところで止めてしまうのか？

全員に同じクオリティの技や考え方が浸透して初めてチーム力が高められるのに、それを阻害している原因を探っていくと、「伝える」ということを疎かにしているケースが少なくない。

だから、まずは正しく理解すること。正しく理解できる能力がなければ伝えることも曖昧になってしまう。目的も、方法も、つくり方も、チェックすべきポイントも、すべて正しく理解するということは「自分なりの受け取り方」を排除したものでなければならない。

正しく理解したら、丁寧に根気よく分かってもらえるまで伝えること。伝わるまで伝えて初めて伝えたと言える。

余談だけれど、「伝える」ということが「安心」と「信頼」の橋渡しになることもある。オープン当初、「小山ロール」を焼くとき、とてもいい生地ができると「最高の生地が上がったよ！」と厨房で大声を上げるようにしていた。見えない厨房の活気をイメージしていただけると、お客様は安心して「小山ロール」を買ってくださる。逆に、泡立ちの弱い夏の卵白でやや緩（ゆる）めの生地になるときは、「みんなで急いで伸ばそう！」と言う。みんなが関わって緊張感を持ってつくっている臨場感が伝わるからだ。あるいは、出来上がった「苺のショート」を自分で売り場に持って行って、お客様の目の前でできたてであることをPRして、ショーケースの中に入れないでわざとケースの上に置く。そうすると、その置いたケーキのほうから飛ぶように売れていく。

そして売り場では「あと五分で焼き立てができますよ！」とお客様に言いながら、厨房に向かって「シュークリームがなくなりそうだから急いで絞って！」と指示している声も耳に入るようにする。厨房とお客様との間に安心と信頼を生み出していくためだ。**伝えることは、チーム内の指導のためである以上に、お客様を含めてお店全体に活気と良い空気を生み出しているのだ。**

同じように、一人の人に伝えればいいことでも全員で共有しておくほうがプラスになる場合もたくさんある。だから僕は、その場の全員に聞こえるように「こうすればうまくいく」「ここを考えられたら仕事は楽しくなる」「ここが改善できたら君は成長する」と話をする。

＊

頭で分かっていることと、それが行動に移せることとの違いは、習慣化されているかどうかの差だと思う。準備を怠ってはいけないと分かっていることと、実際に準備が習慣化されていることはまったく違う。

僕は基本的にサービスマンなので、お客様がどうしたら楽しくなるか、という視点からすべてを考える。それが習慣になっている。そういう僕の近くで「お菓子教室」の助手を務めると、こうするとうまくいくだろうと自分で考えていたことと、こうしなければいけないことの違いが明確になる。そこを摑んだら、普段から気にするべきこととして習慣化していけばいい。

それが、クオリティを高めていくポイントでもある。そのポイントを間違えてキャッチしたり、適当に新人スタッフに伝えたりすると、みんながバラバラの思考で仕事をしていくことになる。

理論的にも、科学的にも、間違ったことを伝える先輩になってはいけない。「理論的か？　科学的根拠は？　そう自分に問いかけて、自信がなかったら聞きに来なさい」と僕は言っている。その緻密さは、お菓子屋として、先輩として、人として、大事な要素だ。

正しく語れるお菓子屋になってもらいたい。正しく語れるようになるためには、正しく語っている現場を見せていくしかない。正しく語ることのできる人には、正しく理解してもらえるファンが増えていく。僕がやっているのは「エスコヤマ」の正しいファンをつくっていくことだ。だから、お菓子教室の生徒さんでも、間違っている態度の人は叱責する。他の人たちに迷惑をかけてはいけないと正しく語ることのできないシェフの教室など、正しく理解してはもらえない。

正しい勇気を持っている人にはファンが生まれる。上司だって「すごい！」と認める。そうすると高いテンションを維持しながら仕事ができて、古い自分から脱皮していける。

こうして培（つちか）っていく自己操縦能力が、やがて後輩たちを指導していくときの自信の基盤にもなっていく。その原点は、正しく語ること、正しい勇気を持つこと。

先輩になるということは、単に年数を重ねることではない。学ぶ目的が変わってくるということだ。自分のための勉強から後輩のため、みんなのため、その勉強へとシフトしていかなくてはいけない。そうなったら、もうそれまでの自分レベルの悩みは消えている。逆に相談を持ち込まれる立場になっている。それが「先輩の立ち位置」であり、そこから見える風景は「すごい！」があふれた世界だ。スタッフ全員にこの風景を見てほしいと願っている。

伝えたいことがたくさんあると、理路整然とまとめられなくなることだってあるだろう。それでもかまわない。**最も大切なことは、伝えたいという熱があること。**伝えたくてたまらない、黙っていられない、何とか役立ててもらいたい、その熱意は言葉の内容以上に人の心を打つことがある。

後輩に期待されていることを忘れてはいけない。**どうすれば後輩が喜ぶかを考えてほしい。それはファンづくりの第一歩でもある。**どんな事例ならば、どんな言葉ならば、彼らのスイッチが入るだろうかと探し続けてほしい。そして、「おれについて来い！」と言ってあげられる先輩になってもらいたい。

37
モチベーションは〝標準装備〟に由来する

モチベーションの本質は何だろう？

頭の中のアイデアを具体的にかたちにできて、それが予想を超えたものであれば人は評価してくれる。評価が自分の行動のモチベーションになる。それは誰もが経験しているはずだ。

この経験をどう見ればいいだろう？　「うまくいった」から評価されてモチベーションになったのか？　では、うまくいかなかったときにはモチベーションは下がるのか？　他人の評価に左右されるのが自分のモチベーションになっていいのだろうか？

発想やアイデアの素晴らしい人はたくさんいる。たくさんいるから、それだけでは評価にならない。**具現化できて初めて評価の対象になる。そこまでは自分でたどり着くしかない。それが自分の〝標準装備〟になっていなくてはいけないのだ。**会議があるのに机がバラバラで、それを整えることから会議時間が費やされるような会社に、レベルの高い標準装備があることは思えない。

標準装備のレベルが低いと必ず注意されてしまう。でも、注意されたいと思って何かをやっている人はいないから、注意を受けてモチベーションが下がってしまう人は、その原因は自分の標準装備にあると考える必要がある。標準装備のレベルを上げない限り、評価の対象どころか参加資格すら与えられない。**それが他の人から見て標準装備のレベルに達していなかったら評価は得られない。「自分は一所懸命にやっている」といくら言っても、**

逆に言えば、注意されることは変われるチャンスを与えてもらったのだと考えて、標準装備を高める一助にすればいい。

僕はちょっとしたことでもスタッフを褒(ほ)めたいと思っている。お客様だって、すごいものと出逢いたい、すごいと感じさせてほしい、と思っていらっしゃる。そうした期待に応えるのは自分の標準装備だ。

＊

モチベーションが上がらない人の問題点をまとめると、次のようになる。

・自分勝手な自分を直せない。

・自分との約束を守れない。
・決めたことを持続することができない。
・自分と関わってくれる人の思いや期待を想像できない。
・注意されることを嫌がる。

そして、このような自分の弱点を分かっていながら、その自分を嫌っている。だからモチベーションが上がらないのだ。よく耳にする「この職場の空気が嫌い」も、その空気は自分を嫌う自分がつくっているものだ。「よっしゃ！」という気持ちを持っている人のつくる空気は、職場全体のモチベーションを上げていく。**職場の空気は、自分から始まっていると思ったほうがいい。**

弱点を持っている自分を好きになって、自分を変えていけるチャンスがそこにあるととらえて、どんなことでも自ら楽しんでいくこと。楽しみながら部下や後輩のモチベーションまで引き上げてあげられる「よっしゃ！」の発信源になっていくこと。それを目指している人と一緒に仕事をするのは誰だって楽しいはずだ。評価というならば、それこそ評価だろうと思う。

そういう人がいる職場やチームは自然と風通しが良くなって、たとえミスをしてもそれがスムーズに報告され、みんなで解決する知恵を出し合う雰囲気がつくられていく。上司に伝わらなかったり隠されてしまうのは、正しい空気がつくられていないからだ。

ミスをしたことを正直に報告するのは、ちょっと勇気のいることかもしれない。だから、部下が言いやすい空気をつくってあげなければいけないし、必要ならば一緒にご迷惑をかけた相手のもとへ同行してあげることもモチベーションの空気を生み出すきっかけになる。

「それは部下本人の問題です」と言う先輩になってほしくない。「それは僕の責任です」と言えるかっこよさが僕は好きだ。おそらくそういう自分のほうが好きになれるはずだ。

反省することは恥ずかしいことではない。美しいことなのだ。自分で目標を設定し、具体的に行動し、そして反省して、うまくいかなかった原因を分析し、新たに具体的な落とし込みをする。そんな行動のできる人はかっこいい。すごい人になっていく過程を間違いなくたどっている。

「シェフ、こういう失敗をしました。申し訳ありません」と言ってきたスタッフを僕は叱らない。叱る理由がない。むしろ「ありがとう」と言いたいくらいだ。勇気を持って報告してくれたことを評価する。ただし、二度と起こらないように原因を明確にする宿題だけは与える。

＊

油分の多いお菓子をつくる厨房は窓が汚れやすい。窓いっぱいに付着した油は、窓拭き用のアルコールスプレーを使っても、汚れが分散されるだけで落ちにくい。

僕は、窓拭き用の溶液のマニュアルまで用意している。六〇度のお湯に一〇グラムの中性洗剤を入れて使う。お湯は蒸発しやすいから、その後のから拭きも楽だ。

窓拭きも、最初から後輩や新人にやらせるのではなく、先輩が率先してやるほうがかっこいい。やって見せるという分かりやすさの意味だけでなく、先輩自身の視点が変わってくる。ものごとや世の中の見え方が違ってくる。

教えられた人の窓拭きの仕方が変わってくるのは、伝えたほうにとっても気持ちがいいもので、またいろんなことを伝えたくなる。そんな好循環が生まれるチームや職場はおのずからモチベーションが高まっていく。

僕がそうしたことに気がつくのは、オーナーでありながら自分の店の内側から見ていないから。お客様や外部の人の目線で見ている。

このお店は職場だと思って見るのと、お客様を迎える場だと思って見るのとでは、同じものでも見え方が違う。そうすると、厨房は見えたほうがお客様の興味が湧く。見られていると思うと、活気のあふれた楽しい厨房のほうがいい。きれいな場所で、きびきびと動く人たちがいると商品もおいしく感じられる。元気な声を出すこともエンターテインメント性の一つだと思えてくる。体や声もお菓子づくりの表現なのだと分かってくる。

エンターテインメント性を重視する僕は、ときにイレギュラーなことが起こっても、それも一興だと考える。**標準装備のレベルを高める努力は怠(おこた)らないけれど、一方では、遊んでいる感覚で仕事をするように心がけている。**

遊ぶようにといっても、自分がワクワクし、最終的に誰かが喜ぶことをイメージして仕事をするという意味だ。そのときの僕自身が遊ぶような楽しさを味わいながらやっているのだ。僕の周りにはそういう仕事の仕方をしている人が多い。そのほうが自分の好みであるかどうかに関係なく、楽しく仕事ができるし、やっていることを好きになっていける。**本当に好きでやっている人には勝てない。**

「プロとアマチュアの違いは何だと思いますか?」と聞かれたことがある。「自分の部屋で自分の好きなことをやっているのがアマチュアで、他人を自分の好きなことに巻き込んだ時点でプロフェッショナルです」と答えた。

別角度から言えば、責任が生じるかどうかの違い、とも言えるが、お金をいただいたり、人の時間を頂戴している以上は、プロとしての自覚がなければならないと思っている。そして、プロの中にも標準装備のレベルによって違いがある。**本当に標準装備のレベルの高い人は、目に見えることでも、見えないことであっても、自分が好きなことを楽しくやっているる。それは、たくさんの人を巻き込む力だと言ってもいい。**応援したり、一緒にやってみたいと思わせる力だ。そのことからも、僕たちはつながりの中で生きて、仕事をしているのだと分かる。

だから、今日も自分から楽しんで仕事をしよう。あなたの「楽しい」はきっと誰かの役に立つはずだ。

おわりに

令和元年、夏。

今年の新作のショコラも約三〇種類、ほぼ完成レベルにこぎつけた。

もっともっとボンボンショコラをいろんな方に楽しんでいただこうと、今年は「ボンボンショコラに市民権を!!」というコンセプトを掲げ、世界中が楽しくておいしいチョコレートパンデミックに陥っている物語「ザ・ストーリー・オブ・チョコレートマニア」を創った。

これをアニメーションで動かそうとも思っている。楽曲も組み込めないか？　サロン・デュ・ショコラ　パリのブースのデザインにもなりそうだ……構想はどんどん膨らんで、今から発表が楽しみで仕方がない。

子どもの頃からの大好きなことを切り離さないで、お菓子やチョコレートの周りにいっぱい集めて、お菓子をエンターテインメントにしていきたい。

物創りは本当に楽しい。

そうそう、もうすぐ本店の改装工事が始まる。

いつも僕がスタッフたちに、あるいは小学校、中学校で生徒たちに向かって口にしていることをビジュアルでも分かりやすく具現化したデザイン。子どもの頃から大好きなもの……昆虫、ティラノサウルス、アンモナイト、ゼンマイ仕掛け、時計、カブトガニ、ギター、レコードｅｔｃ．……それらが木の幹の中にいっぱい詰まっていて、根っこが天井一面に広がっている逆さまの木。クリエイティブな木。

がんばってきただけ、根っこは育つ。根っこが大きく、いっぱい広がれば広がっただけ、たくさんの花が咲き、あふれんばかりの果実をつけることができる。僕にとって花や果実は、お菓子やチョコレートだ。

そんな店に生まれ変わらせようと思っている。


今日も仕事の帰り道、僕は店の近くのクヌギの木に目を奪われている。

去年、この木でノコギリクワガタを採ったし、今年も絶対見つける‼　そう心に決めて毎日この木の前でワクワクしている。

この夏も楽しく過ごせそうだ。

今回の三冊目の出版にあたり、約五年もの長きにわたって毎日の朝礼や講演の内容を記録し続けてくれた広報の伊藤君はじめスタッフのみんな、たびたび送られる資料に目を通して出版のタイミングを諦（あきら）めずずっと考えてくださっていた祥伝社の栗原さん、僕の話すことを自分事（じぶんごと）のように耳を傾け「そうそう」といつも聞いてくださった前田さん、ブックデザイナーの加藤さん、本当に感謝しています。

ありがとうございます。

本書に掲載しているエピソード1から10は、前田さんが編集長をつとめる月刊「YO－RO－ZU　よろず」に掲載した原稿をもとにしています。そして、僕のリクエストにこたえようと期限ギリギリまで僕の本に相応（ふさわ）しい最高のデザイン（カバーイラストと挿絵）を完成してくれたマックス君、マックス君をいつもサポートしてくださる稲鍵さん、本当にありがとう。

令和元年八月

小山　進

★読者のみなさまにお願い

この本をお読みになって、どんな感想をお持ちでしょうか。祥伝社のホームページから書評をお送りいただけたら、ありがたく存じます。今後の企画の参考にさせていただきます。また、次ページの原稿用紙を切り取り、左記編集部まで郵送していただいても結構です。

お寄せいただいた「100字書評」は、ご了解のうえ新聞・雑誌などを通じて紹介させていただくこともあります。採用の場合は、特製図書カードを差しあげます。

なお、ご記入いただいたお名前、ご住所、ご連絡先等は、書評紹介の事前了解、謝礼のお届け以外の目的で利用することはありません。また、それらの情報を6カ月を超えて保管することもありません。

〒101―8701（お手紙は郵便番号だけで届きます）
祥伝社　書籍出版部　編集長　栗原和子
電話03（3265）1084
祥伝社ブックレビュー　http://www.shodensha.co.jp/bookreview/

切りとり線

◎本書の購買動機

＿＿＿＿新聞の広告を見て	＿＿＿＿誌の広告を見て	＿＿＿＿新聞の書評を見て	＿＿＿＿誌の書評を見て	書店で見かけて	知人のすすめで

◎今後、新刊情報等のメール配信を　希望する　・　しない
（配信を希望される方は下欄にアドレスをご記入ください）

@

１００字書評

あなたの「楽しい」はきっと誰かの役に立つ

住所

なまえ

年齢

職業

あなたの「楽しい」はきっと誰かの役に立つ
仕事を熱くする37のエピソード

令和元年10月10日　初版第1刷発行

著　者　小山　進
発行者　辻　浩明
発行所　祥伝社
〒101-8701
東京都千代田区神田神保町3-3
☎03(3265)2081(販売部)
☎03(3265)1084(編集部)
☎03(3265)3622(業務部)

印　刷　堀内印刷
製　本　積信堂

ISBN978-4-396-61702-8 C0030
Printed in Japan
祥伝社のホームページ・http://www.shodensha.co.jp/